材料科学基础实验

主 编 张 敏

副主编 杨 波 刘亲壮 田振飞

编 委（以姓氏笔画为序）

左绪忠 刘 义 刘会丽

李珊珊 李海斌 张巍巍

高 超 郭盛祺 黄 飞

中国科学技术大学出版社

内 容 简 介

　　本书包括实验误差与数据处理、仪器分析与表征实验、学科基础实验和学科综合实验 4 章内容，共计 33 个实验。各实验分别介绍了实验目的、实验原理、实验仪器和材料、实验内容和步骤、数据分析及处理、实验注意事项、实验报告要求、思考题等，对提高学生理论水平、实验技能和创新能力有着重要的指导意义。

　　本书可作为高等院校材料类等专业学生的实验教材，也可作为相关专业的教师、研发和测试技术人员的参考书。

图书在版编目(CIP)数据

材料科学基础实验/张敏主编. --合肥：中国科学技术大学出版社，2024.8. -- ISBN 978-7-312-06045-8

Ⅰ. TB3-33

中国国家版本馆 CIP 数据核字第 2024HQ0593 号

材料科学基础实验

CAILIAO KEXUE JICHU SHIYAN

出版	中国科学技术大学出版社 安徽省合肥市金寨路 96 号，230026 http://press.ustc.edu.cn https://zgkxjsdxcbs.tmall.com
印刷	合肥市宏基印刷有限公司
发行	中国科学技术大学出版社
开本	787 mm×1092 mm　1/16
印张	12.5
字数	302 千
版次	2024 年 8 月第 1 版
印次	2024 年 8 月第 1 次印刷
定价	42.00 元

前　言

　　材料科学基础实验是材料物理、材料科学与工程等专业的一门主干实验实践课程，是在获得材料成分、结构、工艺、性能之间相互关联基本知识后，对这些知识进行应用的一门课程，可以有效锻炼学生的实践动手能力和分析与解决问题的能力。通过材料科学基础实验，学生可以把材料类专业抽象的知识具体化，使实验课程和理论课程紧密结合，为今后从事与材料相关科学研究、技术开发和工艺设计等方面的工作奠定坚实基础。

　　淮北师范大学物理与电子信息学院材料系自 2007 年开设材料科学基础实验课程以来，一直在探索和寻找合适的实验教材，任课教师主要通过整理材料类相关专业知识点，结合课程大纲和教学改革要求自编讲义和课件来讲授该课程。在各种教材层出不穷的今天，紧密结合本专业特点和科研实践，编撰符合学科建设、专业发展的材料科学基础实验教材，解决当前教学教材急需的问题，满足教学改革的实际需求，已然成为院系领导和老师的殷切期盼。所幸经过十余年不断完善，自编实验讲义和课件在教学实践中得到了学生的认可，材料科学基础实验教材编写基础条件已成熟，特别是安徽省质量工程教材建设项目（项目编号：2023jcjs089）和淮北师范大学校级教材建设项目（项目编号：2023xjjxjc017）的获批，进一步推动了该书的出版。

　　本书本着既立足于教学内容但又不拘泥于当前教材内容的原则，对各专业相关课程内容进行穿插编排，互相搭配，同时积极融入材料科学领域的研究前沿及热点，构建与理论课程紧密结合的多模块、多层次实验内容体系，以激发学生学习兴趣，培养其实践动手能力和逻辑思维能力。包含实验误差与数据处理、仪器分析与表征实验、学科基础实验和学科综合实验 4 章内容，共计 33 个实验。其中第 2 章的实验 2,3,6～9 和第 4 章的实验 8,9,11,12 由淮北师范大学张敏编写，第 1 章和第 2 章的实验 11 由淮北师范大学杨波编写，第 2 章的实验 12 由河北工业大学郭盛祺编写，第 2 章的实验 1 由淮北师范大学刘会丽和张敏共同编写，第 3 章的实验 1,3,5～7 由淮北师范大学刘义编写，第 2 章的实验 5 和第 3 章的实验 2,4,8 由淮北师范大学李海斌编写，第 4 章的实验 1～3 由淮北师范大学田振飞编写，第 4 章的实验 4 由淮北师范大学张巍巍、黄飞和张敏共同编写,第 2 章的实验 10 和第 4 章的实验 5,6 由淮北师范大学高超编写,第 2 章的实验 4 和第 4 章的实验 7 由淮北师范大学李珊珊编写,第 4 章的实验 10 由淮北师范大学刘亲壮和张敏共同编写,第 4 章的实验 13 由安徽科技学院左绪忠编写。

　　本书编写过程中,得到了淮北师范大学物理与电子信息学院基础物理实验中心、材料科学与工程教研室和材料物理教研室的大力支持,并获得安徽省质量工程教材建设项目(项目编号:2023jcjs089)、淮北师范大学校级教材建设项目(项目编号:2023xjjxjc017)和淮北师范大学物理与电子信息学院材料科学与工程高原学科的资助。此外,本书还得到了淮北师范大学物理与电子信息学院陈三、朱光平、刘强春、刘忠良、邵春风老师和淮北师范大学分析测试中心刘会丽老师的帮助,谨在此一并表示衷心的感谢! 在编写过程中,参考了国内外的相关教材、专著以及论文,在此向本书所引用参考文献的原作者表示敬意和感谢!

　　由于编者水平有限,书中不足之处在所难免,恳请读者批评指正。

编　者

2023 年 10 月

目　　录

第 1 章　实验误差与数据处理

材料科学基础实验是研究各种材料及其制品的基础共性规律,材料的组成、结构、性能及其加工的一门实验科学。在实验研究中,一方面要拟定实验方案,选择一定精确度(精度)的仪器和适当的方法进行测量;另一方面要将测得的数据进行整理归纳、科学分析,并寻求被研究体系变量间的关系。

在材料科学基础实验过程中,经常需要对材料制备工艺参数(原料配比、温度、时间、压力等)进行设定,对所得产物的物理性能(密度、分子量、表面积、粒度、孔径、导电性等)、化学性能(氧化还原性、腐蚀性等)等进行测量和表征,然后根据所得到的数据进行分析、处理和研究,以获得科学的结论。在整个实验过程中,不管是工艺参数的设计、执行和调控,还是产物相关成分、结构、性能数据的获取,所得数据是否准确,数据处理方法是否科学,都会直接影响实验过程和结果,在实际生产过程中,甚至直接影响着生产的成败和产品的使用性能。因此,数据的真实测量与科学处理,对科学研究以及实际生产都是至关重要的。

在着手实验之前了解测量所能达到的精确度以及在实验以后合理地进行数据处理,都要正确理解误差概念,在此基础上通过误差分析,寻找适当的实验方法,选用最适合的仪器及量程,得出测量的有利条件,从中获得科学的结论。测量数据是否准确,数据处理方法是否科学,直接影响材料的研究与生产。因此,对测量误差与数据处理方法进行研究是十分必要的。

1.1　误　差　分　析

1.1.1　真值与平均值

真值是指某物理量客观存在的确定值。通常一个物理量的真值是不知道的,是我们努力想要测到的。严格来讲,真值是无法测得的,是一个理想值。

科学实验中真值的定义:设在实验中测量的次数无限多,则根据误差分布定律正负误差出现的概率相等,故将所有测量值加以平均,在无系统误差的情况下,可能获得极近于真值的数值。故"真值"在现实中是指测量次数无限多时,所求得的平均值(或是写入文献手册中的"公认值")。然而对实验而言,测量的次数都是有限的,故用有限测量次数求出的平均值,只能是近似真值,或称为最佳值。常用的平均值有下列几种:

1. 算术平均值

这种平均值最常用。在测量值服从正态分布时,用最小二乘法可以证明:在一组等精确度

的测量中,算术平均值为最佳值或最可信赖值。算术平均值的计算如下:

$$\bar{x} = \frac{x_1 + x_2 + \cdots + x_n}{n} = \frac{\sum_{i=1}^{n} x_i}{n} \tag{1.1.1}$$

式中,x_1,x_2,$\cdots$,x_n 为各次测量值;n 为测量的次数。

2. 均方根平均值

均方根平均值的计算如下:

$$\bar{x}_{均} = \sqrt{\frac{x_1^2 + x_2^2 + \cdots + x_n^2}{n}} = \sqrt{\frac{\sum_{i=1}^{n} x_i^2}{n}} \tag{1.1.2}$$

3. 加权平均值

对同一物理量用不同方法去测量,或对同一物理量由不同人去测量,计算平均值时,常对比较可靠的数值予以加权重平均,称为加权平均。加权平均值的计算如下:

$$\bar{w} = \frac{w_1 x_1 + w_2 x_2 + \cdots + w_n x_n}{w_1 + w_2 + \cdots + w_n} = \frac{\sum_{i=1}^{n} w_i x_i}{\sum_{i=1}^{n} w_i} \tag{1.1.3}$$

式中,x_1,x_2,$\cdots$,x_n 为各次测量值;w_1,w_2,$\cdots$,w_n 为各测量值的对应权重,各测量值的权重一般由实验确定。

4. 几何平均值

几何平均值的计算如下:

$$\bar{x} = \sqrt[n]{x_1 x_2 \cdots x_n} \tag{1.1.4}$$

5. 对数平均值

对数平均值的计算如下:

$$\bar{x}_{L} = \frac{x_1 - x_2}{\ln x_1 - \ln x_2} = \frac{x_1 - x_2}{\ln \dfrac{x_1}{x_2}} \tag{1.1.5}$$

介绍以上各种平均值的目的是,从一组测量值中找出最接近真值的那个值。平均值的选择主要取决于该组测量值的分布类型,在无机材料实验研究中,数据较多呈正态分布,故通常采用算术平均值。

1.1.2 误差及其分类

在任何一种测量中,无论所用仪器多么精密、方法多么完善、实验者多么细心,不同时间所测得的结果都不一定完全相同,而是有一定的误差或偏差。严格来讲,误差是指实验测量值(包括直接和间接测量值)与真值(客观存在的准确值)之差,偏差是指实验测量值与平均值之差,但通常我们对两者不加以区分。

根据误差的性质及其产生的原因,可将误差分为系统误差、偶然误差和过失误差 3 种。

1. 系统误差

系统误差又称恒定误差,是由某些固定不变的因素引起的。在相同条件下进行多次测量,其误差的大小和正负保持恒定,或随条件改变按一定的规律变化。

产生系统误差的原因有:仪器刻度不准,砝码未校正;试剂不纯,质量不符合要求;周围环境改变,如外界温度、压力、湿度变化;个人习惯与偏向,如读取数据常偏高或偏低,记录某一信号的时间总是滞后,判定滴定终点的颜色程度各人不同等。可以用准确度一词来表征系统误差的大小,系统误差越小,准确度越高,反之亦然。

因为系统误差是测量误差的重要组成部分,所以消除和估计系统误差对提高测量准确度十分重要。一般系统误差是有规律的,其产生的原因也往往是可知的或找出原因后是可以消除的。至于不能消除的系统误差,应设法确定或估计出来。

2. 偶然误差

偶然误差又称随机误差,是由某些不易控制的因素造成的。在相同条件下进行多次测量,其误差的大小、正负方向不一定相同,主要表现为测量结果分散,但服从统计规律。研究随机误差可以采用概率统计的方法。在误差理论中,常用精密度一词来表征偶然误差的大小。偶然误差越大,精密度越低,反之亦然。

在测量中,如果已经消除了引起系统误差的一切因素,而所测数据仍在末 1 位或末 2 位数字上有差别,则为偶然误差。偶然误差主要是受测量过程中不可避免的随机因素影响,虽然这些误差是随机的,但通过适当的方法可以减小其影响,提高测量的精密度和可靠性。

3. 过失误差

过失误差又称粗大误差,即为与实际明显不符的误差,主要是由实验人员粗心大意引起的,如读错、测错、记错等都会带来过失误差。含有过失误差的测量值称为坏值,应在整理数据时依据常用的准则加以剔除。

综上所述,可以认为系统误差和过失误差是可以设法避免的,而偶然误差是不可避免的,因此最好的实验结果应该只含有偶然误差。

测量的质量和水平,可用误差的概念来描述,也可用精确度等概念来描述。国内外文献所用的名词术语颇不统一,精密度、准确度、精确度这几个术语的使用比较混乱。近年来的多数意见如下:

精密度:指某些物理量几次测量值的一致性,即重复性。它可以反映偶然误差大小的影响程度。

准确度:指在规定条件下,测量中所有系统误差的综合。它可以反映系统误差大小的影响程度。

精确度:指测量结果与真值偏离的程度。它可以反映系统误差和随机误差综合大小的影响程度。

为说明它们之间的区别,往往用打靶来做比喻。如图 1.1.1 所示,图(a)的系统误差小而偶然误差大,即准确度高而精密度低;图(b)的系统误差大而偶然误差小,即准确度低而精密度高;图(c)的系统误差和偶然误差都小,表示精确度高。当然,实验测量中没有像靶心这样明确的真值,而是设法去测定这个未知的真值。

对于实验测量来说,精密度高,准确度不一定高。准确度高,精密度也不一定高。但精确度高,必然是精密度与准确度都高。

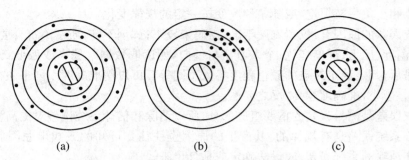

图 1.1.1　精密度、准确度、精确度含义示意图

1.1.3　误差的表示方法

测量误差分为测量点和测量列(集合)的误差。它们有不同的表示方法。

1. 测量点的误差表示

(1) 绝对误差 D。测量集合中某测量值与其真值之差的绝对值称为绝对误差,即

$$D = |X - x| \tag{1.1.6}$$

即

$$X - x = \pm D, \quad x - D \leqslant X \leqslant x + D$$

式中,X 为真值,常用多次测量的平均值代替;x 为测量集合中某测量值。

(2) 相对误差 E_r。绝对误差与真值之比称为相对误差,即

$$E_r = \frac{D}{|X|} \tag{1.1.7}$$

相对误差常用百分数或千分数表示。因此,不同物理量的相对误差可以互相比较,相对误差与被测值的大小及绝对误差的数值都有关系。

(3) 最大引用误差。最大引用误差是指在特定条件下,测量仪器允许的最大误差值。它通常由仪器制造商在产品说明书中提供,是衡量仪器精确度和可靠性的一个重要指标。最大引用误差通常在整个测量范围内保持恒定,但也可以在不同测量范围内有所不同。

2. 测量列(集合)的误差表示

(1) 范围误差。范围误差是指一组测量值中的最高值与最低值之差,以此作为误差变化的范围。使用中常应用最大误差系数的概念:

$$K = \frac{L}{\alpha} \tag{1.1.8}$$

式中,K 为最大误差系数;L 为范围误差;α 为算术平均值。

范围误差最大的缺点是 K 只取决于两极端值,而与测量次数无关。

(2) 算术平均误差。算术平均误差是表示误差的较好方法,其定义为

$$\delta = \frac{\sum d_i}{n} \quad (i = 1, 2, \cdots, n) \tag{1.1.9}$$

式中,n 为测量次数;d_i 为测量值与算术平均值的偏差,$d_i = x_i - \alpha$。

算术平均误差的缺点是无法表示出各次测量间彼此符合的情况。

（3）标准误差。标准误差也称为均方根误差，计算如下：

$$\sigma = \sqrt{\frac{\sum d_i^2}{n}} \tag{1.1.10}$$

标准误差对一组测量中的较大误差或较小误差比较灵敏，是表示精确度的较好方法。式（1.1.10）适用于无限次测量的场合。在实际测量中，测量次数是有限的，宜改写为

$$\sigma = \sqrt{\frac{\sum d_i^2}{n-1}} \tag{1.1.11}$$

标准误差不是一个具体的误差，σ 的大小只说明在一定条件下等精确度测量集合所属的任一次测量值对其算术平均值的分散程度。如果 σ 的值小，则说明该测量集合中相应小的误差占优势，测量值对其算术平均值的分散度较小，测量的可靠性较大。

算术平均误差和标准误差的计算式中第 i 次误差可分别代入绝对误差和相对误差，相对得到的值表示测量集合的绝对误差和相对误差。

上述的各种误差表示方法中，不论是比较各种测量的精确度还是评定测量结果的质量，均以相对误差和标准误差表示为佳，而在文献中标准误差更常被采用。

3．仪表的精确度与测量值的误差

（1）电工仪表等一些仪表的精确度与测量误差。这些仪表的精确度常采用仪表的最大引用误差和精确度的等级来表示。仪表的最大引用误差的定义为

$$最大引用误差 = \frac{仪表显示值的绝对误差}{该仪表相应挡位量程} \times 100\% \tag{1.1.12}$$

式中，仪表显示值的绝对误差指在规定的正常情况下，被测参数的测量值与被测参数的标准值之差的绝对值的最大值。对于多挡仪表，不同挡显示值的绝对误差和量程均不相同。式（1.1.12）表明，若仪表显示值的绝对误差相同，则量程愈大，最大引用误差愈小。我国电工仪表的精确度等级有 7 种：0.1，0.2，0.5，1.0，1.5，2.5，5.0。如果某仪表的精确度等级为 2.5 级，则说明此仪表的最大引用误差为 2.5%。

在使用仪表时，如何估算某一次测量值的绝对误差和相对误差呢？

设仪表的精确度等级为 P 级，其最大引用误差为 $P\%$。设仪表的量程为 x_n，仪表的显示值为 x_i，则由式（1.1.12）得该显示值的误差为

$$绝对误差\ D \leqslant x_n \times P\%$$

$$相对误差\ E_r = \frac{D}{x_i} \leqslant \frac{x_n}{x_i} \times P\% \tag{1.1.13}$$

式（1.1.13）表明，若仪表的精确度等级 P 和量程 x_n 已固定，则测量值 x_i 愈大，测量的相对误差愈小。选用仪表时，不能盲目地追求仪表的精确度等级，因为测量的相对误差还与 $\frac{x_n}{x_i}$ 有关，应该兼顾仪表的精确度等级和 $\frac{x_n}{x_i}$。

（2）天平类仪器的精确度和测量误差。这些仪器的精确度用以下公式来表示：

$$仪器的精确度 = \frac{名义分度值}{量程} \tag{1.1.14}$$

式中,名义分度值指测量时读数有把握的最小分度单位,即每个最小分度所代表的数值。例如 TG-3284 型天平,名义分度值(感量)为 0.1 mg,测量范围为 0～200 g,则其精确度 $= \dfrac{0.1}{(200-0) \times 10^3} = 5 \times 10^{-7}$。若仪器的精确度已知,也可用式(1.1.14)求得其名义分度值。

使用这些仪器时,测量的误差可用下式来确定:

$$\left. \begin{array}{l} \text{绝对误差} \leqslant \text{名义分度值} \\[2mm] \text{相对误差} \leqslant \dfrac{\text{名义分度值}}{\text{测量值}} \end{array} \right\} \tag{1.1.15}$$

(3) 测量值的实际误差。由仪表的精确度用上述方法所确定的测量误差,一般比测量值的实际误差小得多。可能的原因如下:仪器没有调整到理想状态,如不垂直、不水平、零位没有调整好等,会引起误差;仪表的实际工作条件不符合规定的正常工作条件,会引起附加误差;仪器经过长期使用后,零件发生磨损、装配状况发生变化等,也会引起误差;可能还存在操作者的习惯和偏向所引起的误差;仪表所感受的信号实际上可能并不等于待测的信号;仪表电路可能会受到干扰等。

总而言之,测量值实际误差大小的影响因素有很多。为了获得较准确的测量结果,需要有较好的仪器,也需要有科学的态度和方法以及扎实的理论知识和丰富的实践经验。

1.1.4 "过失"误差的舍弃

这里加引号的"过失"误差与前面提到真正的过失误差有所不同。在稳定过程中,不受任何人为因素影响,测量出少量过大或过小的数值,随意地舍弃这些"坏值",以获得实验结果的一致,这是一种错误的做法,"坏值"的舍弃要有理论依据。

如何判断数值是否属于异常值?最简单的方法是以 3 倍标准误差(3σ)为依据。

从概率理论可知,大于 3σ 的误差所出现的概率只有 0.3%,故通常把这一数值称为极限误差,即

$$\delta_{\text{极限}} = 3\sigma \tag{1.1.16}$$

如果个别测量值的误差超过 3σ,那么就可以认为其属于过失误差,而将该测量值舍弃。

那么如何从有限的几个测量值中舍弃异常值呢?因为测量次数少,概率理论已不适用,而个别异常值对算术平均值影响很大。

有一种简单的判断法,即略去异常值后,计算其余各测量值的算术平均值 α 及算术平均误差 δ,然后算出异常值 x_i 与算术平均值 α 的偏差 d。如果 $d \geqslant 4\delta$,则此异常值可以舍弃,因为这种测量值存在的概率大约只有 0.1%。

1.1.5 间接测量中的误差传递

在许多实验研究中,所得到的结果有时并不是由仪器直接测量得到的,而是要把实验现场直接测量值代入一定的理论关系中,通过计算才能求得所需要的结果,即间接测量值。如雷诺数 $Re = \dfrac{du\rho}{\mu}$ 就是间接测量值。直接测量值有误差,因而间接测量值也有误差。

怎样由直接测量值的误差计算间接测量值的误差呢?这就是误差的传递问题。

误差的传递公式：由数学知识知道，当间接测量值（y）与直接测量值（$x_1, x_2, \cdots, x_n$）有函数关系时，即 $y = f(x_1, x_2, \cdots, x_n)$，则其微分式为

$$\mathrm{d}y = \frac{\partial y}{\partial x_1}\mathrm{d}x_1 + \frac{\partial y}{\partial x_2}\mathrm{d}x_2 + \cdots + \frac{\partial y}{\partial x_n}\mathrm{d}x_n \tag{1.1.17}$$

$$\frac{\mathrm{d}y}{y} = \frac{1}{f(x_1, x_2, \cdots, x_n)}\left[\frac{\partial y}{\partial x_1}\mathrm{d}x_1 + \frac{\partial y}{\partial x_2}\mathrm{d}x_2 + \cdots + \frac{\partial y}{\partial x_n}\mathrm{d}x_n\right] \tag{1.1.18}$$

根据式（1.1.17）和式（1.1.18），当直接测量值的误差（$\Delta x_1, \Delta x_2, \cdots, \Delta x_n$）很小，并且考虑到最不利的情况时，应将误差累积和取绝对值，则可求得间接测量值的误差 Δy 或 $\Delta y/y$：

$$\Delta y = \left|\frac{\partial y}{\partial x_1}\right||\Delta x_1| + \left|\frac{\partial y}{\partial x_2}\right||\Delta x_2| + \cdots + \left|\frac{\partial y}{\partial x_n}\right||\Delta x_n| \tag{1.1.19}$$

$$E_r = \frac{\Delta y}{y} = \frac{1}{f(x_1, x_2, \cdots, x_n)}\left[\left|\frac{\partial y}{\partial x_1}\right||\Delta x_1| + \left|\frac{\partial y}{\partial x_2}\right||\Delta x_2| + \cdots + \left|\frac{\partial y}{\partial x_n}\right||\Delta x_n|\right]$$
$$\tag{1.1.20}$$

式（1.1.19）和式（1.1.20）就是由直接测量误差计算间接测量误差的误差传递公式。对于标准误差的传递，则有

$$\sigma = \sqrt{\left(\frac{\partial y}{\partial x_1}\right)^2\sigma_{x_1}^2 + \left(\frac{\partial y}{\partial x_2}\right)^2\sigma_{x_2}^2 + \cdots + \left(\frac{\partial y}{\partial x_n}\right)\sigma_{x_n}^2} \tag{1.1.21}$$

式中，$\sigma_{x_1}, \sigma_{x_2}, \cdots, \sigma_{x_n}$ 为直接测量的标准误差；σ 为间接测量值的标准误差。

在有关资料中式（1.1.21）称为"几何合成"或"极限相对误差"。常见函数的误差关系如表 1.1.1 所示。

表 1.1.1　误差关系表

数学式	误差传递公式	
	最大绝对误差	最大相对误差 $E_r(y)$
$y = x_1 + x_2 + \cdots + x_n$	$\Delta y = |\Delta x_1| + |\Delta x_2| + \cdots + |\Delta x_n|$	$E_r(y) = \dfrac{\Delta y}{y}$
$y = x_1 + x_2$	$\Delta y = |\Delta x_1| + |\Delta x_2|$	$E_r(y) = \dfrac{\Delta y}{y}$
$y = x_1 x_2$	$\begin{aligned}\Delta y &= \Delta(x_1 x_2)\\ &= |x_1 \Delta x_2| + |x_2 \Delta x_1|\\ \text{或 } \Delta y &= yE_r(y)\end{aligned}$	$\begin{aligned}E_r(y) &= E_r(x_1 x_2)\\ &= \left|\dfrac{\Delta x_1}{x_1}\right| + \left|\dfrac{\Delta x_2}{x_2}\right|\end{aligned}$
$y = x_1 x_2 x_3$	$\begin{aligned}\Delta y &= |x_1 x_2 \Delta x_3| + |x_1 x_3 \Delta x_2|\\ &\quad + |x_2 x_3 \Delta x_1|\\ \text{或 } \Delta y &= yE_r(y)\end{aligned}$	$E_r(y) = \left|\dfrac{\Delta x_1}{x_1}\right| + \left|\dfrac{\Delta x_2}{x_2}\right| + \left|\dfrac{\Delta x_3}{x_3}\right|$
$y = x^n$	$\Delta y = nx^{n-1}\Delta x \text{ 或 } \Delta y = yE_r(y)$	$E_r(y) = n\left|\dfrac{\Delta x}{x}\right|$
$y = \sqrt[n]{x}$	$\Delta y = \left|\dfrac{1}{n}x^{\frac{1}{n}-1}\Delta x\right| \text{ 或 } \Delta y = y \cdot E_r(y)$	$E_r(y) = \dfrac{\Delta y}{y} = \left|\dfrac{1}{n}\dfrac{\Delta x}{x}\right|$

数学式	误差传递公式	
	最大绝对误差	最大相对误差 $E_r(y)$
$y = \dfrac{x_1}{x_2}$	$\Delta y = y E_r(y)$	$E_r(y) = \left\| \dfrac{\Delta x_1}{x_1} \right\| + \left\| \dfrac{\Delta x_2}{x_2} \right\|$
$y = cx$	$\Delta y = \Delta(cx) = \| c\Delta x \|$ 或 $\Delta y = y E_r(y)$	$E_r(y) = \dfrac{\Delta y}{y}$ 或 $E_r(y) = \left\| \dfrac{\Delta x}{x} \right\|$
$\begin{aligned} y &= \lg x \\ &= 0.43429\ln x \end{aligned}$	$\begin{aligned} \Delta y &= \| (0.43429\ln x)' \Delta x \| \\ &= \left\| \dfrac{0.43429}{x} \Delta x \right\| \end{aligned}$	$E_r(y) = \dfrac{\Delta y}{y}$

1.1.6　误差分析举例

除了用误差分析计算测量结果的精确度外,还可以对具体的实验设计先进行误差分析,在找到误差的主要来源及每一个因素所引起的误差大小后,对实验方案和选用仪器仪表提出有益的建议。

例 1　在阻力测定实验中,测定层流 $Re\text{-}\lambda$ 关系是在 $D6$(公称内径为 6 mm)的小铜管中进行的,因内径太小,不能采用一般的游标卡尺测量,而采用体积法进行间接测量。截取高度为 400 mm 的管子,测量这段管子中水的体积,从而计算管子的平均内径。测量的量具用移液管,其体积刻度线相当准确,而且它的系统误差可以忽略。体积测量 3 次,分别为 11.31 mL、11.26 mL、11.30 mL。问体积的算术平均值 α、平均绝对误差 D、相对误差 E_r 为多少。

解　算术平均值:

$$\alpha = \frac{\sum x_i}{n} = \frac{11.31 + 11.26 + 11.30}{3} = 11.29 \,(\mathrm{mL})$$

平均绝对误差:

$$D = \frac{|11.29 - 11.31| + |11.29 - 11.26| + |11.29 - 11.30|}{3} = 0.02 \,(\mathrm{mL})$$

相对误差:

$$E_r = \frac{D}{\alpha} = \frac{0.02}{11.29} \times 100\% = 0.18\%$$

例 2　要测定层流状态下,公称内径为 6 mm 的管道的摩擦因数 λ,希望在 $Re = 2000$ 时,λ 的精确度低于 4.5%,请根据误差分析选用合适的测量方法和测量仪器。

解　λ 的函数形式为

$$\lambda = \frac{2g\pi^2}{16} \frac{d^5(R_1 - R_2)}{lV_s^2}$$

式中,R_1,R_2 为被测量段前后的液柱读数值,单位为 mH_2O;V_s 为流量,单位为 m^3/s;l 为被测量段长度,单位为 m。

相对误差:

$$E_r(\lambda) = \frac{\Delta\lambda}{\lambda} = \sqrt{\left(5\frac{\Delta d}{d}\right)^2 + \left(2\frac{\Delta V_s}{V_s}\right)^2 + \left(\frac{\Delta l}{l}\right)^2 + \left(\frac{\Delta R_1 + \Delta R_2}{R_1 - R_2}\right)^2}$$

要求 $E_r(\lambda) < 4.5\%$，由于 $\frac{\Delta l}{l}$ 所引起的误差小于 $\frac{E_r(\lambda)}{10}$，故可以略去不考虑。剩下三项分误差，可按等效法进行分配，每项分误差和总误差的关系：

$$E_r(\lambda) = \sqrt{3m_i^2} = 4.5\%$$

每项分误差：

$$m_i = \frac{4.5\%}{\sqrt{3}} = 2.6\%$$

（1）流量项的分误差估计。首先确定 V_s 值：

$$V_s = Re\frac{d\mu\pi}{4\rho} = 2000 \times \frac{0.006 \times 10^{-3} \times \pi}{4 \times 1000} \text{ m}^3/\text{s} = 9.4 \times 10^{-6} \text{ m}^3/\text{s} = 9.4 \text{ mL/s}$$

可以采用 500 mL 的量筒测其流量，量筒系统误差很小，可以忽略，读数误差为 5 mL；计时用的秒表系统误差也可忽略，开停秒表的随机误差估计为 0.1 s。当 $Re = 2000$ 时，每次测量水量约为 450 mL，需时间 48 s 左右。流量测量最大误差为

$$\frac{\Delta V_s}{V_s} = \frac{\Delta V}{V} + \frac{\Delta\tau}{\tau}$$

式中，$\frac{\Delta V}{V}$ 误差较大，$\frac{\Delta\tau}{\tau}$ 可以忽略。因此，流量项的分误差为

$$m_1 = 2\frac{\Delta V_s}{V_s} = 2 \times \frac{5}{450} \times 100\% = 2 \times 0.011 \times 100\% = 2.2\%$$

没有超过每项分误差范围。

（2）d 的相对误差。要求 $5\frac{\Delta d}{d} \leqslant m_i$，则

$$\frac{\Delta d}{d} \leqslant \frac{m_i}{5}$$

即

$$\frac{\Delta d}{d} \leqslant \frac{2.6\%}{5} = 0.52\%$$

由例 1 知道管径 d 由体积法进行间接测量：

$$V = \frac{\pi}{4}d^2h$$

$$d = \sqrt{\frac{V}{h} \times \frac{4}{\pi}}$$

已知管高度为 400 mm，绝对误差为 0.5 mm。为保险起见，仍采用几何合成法计算 d 的相对误差：

$$\frac{\Delta d}{d} = \frac{1}{2}\left(\frac{\Delta V}{V} + \frac{\Delta h}{h}\right)$$

由例 1 已知，$\frac{\Delta V}{V}$ 为 0.18%。代入具体数值：

$$m_2 = 5\frac{\Delta d}{d} = \frac{5}{2}\left(\frac{\Delta V}{V} + \frac{\Delta h}{h} \times 100\%\right) = \frac{5}{2} \times \left(0.18\% + \frac{0.5}{400} \times 100\%\right) = 0.8\%$$

也没有超过每项分误差范围。

（3）压差的相对误差。单管式压差计用分度为 $1\,mm$ 的尺子测量，系统误差可以忽略，读数随机绝对误差 ΔR 为 $0.5\,mm$。因此，有

$$\frac{\Delta R_1 + \Delta R_2}{R_1 - R_2} = \frac{2\Delta R_1}{R_1 - R_2} = \frac{2 \times 0.5}{R_1 - R_2}$$

压差测量值 $R_1 - R_2$ 与两测压点间的距离 l 成正比：

$$R_1 - R_2 = \frac{64}{Re}\frac{l}{d}\frac{u^2}{2g} = \frac{64}{2000}\frac{l}{0.006}\frac{\left(\frac{9.4 \times 0.000001}{0.785 \times 0.006 \times 0.006}\right)^2}{2g} = 0.03l$$

式中，u 为平均流速，单位为 m/s。由上式可算出 l 的变化对压差相对误差的影响（表 1.1.2）。

表 1.1.2 相对误差表

l/mm	$R_1 - R_2/mm$	$\frac{2\Delta R_1}{R_1 - R_2} \times 100\%$
500	15	6.7%
1000	30	3.3%
1500	45	2.2%
2000	60	1.6%

由表 1.1.2 可见，选中 $l \geqslant 1500\,mm$ 可满足要求，若实验采用 $l = 1500\,mm$，其相对误差为

$$m_3 = \frac{\Delta R_1 + \Delta R_2}{R_1 - R_2} = \frac{2\Delta R_1}{R_1 - R_2} = \frac{2 \times 0.5}{0.03 \times 1500} \times 100\% = 2.2\%$$

总误差：

$$E_r(\lambda) = \frac{\Delta\lambda}{\lambda} = \sqrt{m_1^2 + m_2^2 + m_3^2} = \sqrt{(2.2\%)^2 + (0.8\%)^2 + (2.2\%)^2} = 3.2\%$$

通过以上误差分析可知：

（1）误差分析为实验装置中两测压点间的距离 l 的选定提供了充分依据。

（2）直径 d 的误差，因传递系数较大（等于 5），对总误差影响较大，但所选测量 d 的方案合理，这项测量精确度高，对总误差影响反而下降了。

（3）目前 V_s 的测量误差较大，其误差主要来自体积测量，因而若改用精确度更高一级的量筒，则可以提高实验结果的精确度。

1.2 实验数据的有效数字与记数法

1.2.1 有效数字

实验数据（测量值或根据测量值计算得到的结果），总是以一定位数的数字来表示的。究竟

取几位数才是有效的呢？是不是小数点后面的数字越多就越精确？或者计算结果保留位数越多就越精确？其实这是错误的想法。首先，数据中小数点的位置不决定精确度，而与所用单位大小有关；其次，保留的位数与测量仪表的精确度有关，一般应读到仪表最小分度的下一位。例如，某液面计标尺的最小分度为 1 mm，则读数可以读到 0.1 mm。如液面高为 524.5 mm，即前三位是直接读出的，是准确的，最后一位是估计的，是欠准确的或可疑的，而该数据有 4 位有效数字。如液面恰好在 524 mm 的刻度上，则数据应记作 524.0 mm。

1.2.2　科学记数法

在科学研究与工程实际中，为了清楚地表达有效数字或数据的精确度，通常将有效数字写出并在第一位数字后加小数点，而数值的数量级由 10 的整数幂来确定，这种以 10 的整数幂来记数的方法称为科学记数法。例如，0.0088 应记作 8.8×10^{-3}，88000（有效数字 3 位）记作 8.80×10^4。应注意，在科学记数法中，在 10 的整数幂之前的数字应全部为有效数字。

1.2.3　有效数字的运算

（1）加减法运算。各不同位数有效数字相加减，其和或差的有效数字的位数等于其中位数最少的一个。

（2）乘除法计算。对于乘积或商的有效数字，其位数与各乘、除数中有效数字的位数最少的相同。注意 π, e, g 等常数有效数字的位数可多可少，根据需要选取。

（3）乘方与开方运算。乘方、开方后的有效数字的位数与其底数相同。

（4）对数运算。对数的有效数字的位数与其真数相同。

（5）在 4 个数以上的平均值计算中，其平均值的有效数字的位数可比各数据中最少有效数字位数多一位。

（6）所有取自手册上的数据，其有效数字的位数按计算需要选取，但原始数据如有限制，则应服从原始数据。

（7）一般在工程计算中取 3 位有效数字已足够精确，在科学研究中根据需要和仪器的精确度，可以取到 4 位有效数字。

1.3　实验结果的表示方法与数据处理

实验数据处理，就是以测量为手段，以研究对象的概念、状态为基础，以数学运算为工具，推断出某量值的真值，并导出某些具有规律性结论的整个过程。因此，对实验数据进行处理，人们可以清楚地观察到各变量之间的定量关系，以便进一步分析实验现象，得出规律，指导生产或设计。

数据处理的方法有列表法、图示法和实验数据数学方程表示法。

1.3.1　列表法

将实验数据按自变量和因变量的关系,以一定的顺序列出数据表,即为列表法。列表法有许多优点,如不遗漏数据,给数据处理带来方便,使数据易比较,数据形式紧凑,同一表格内可以表示出几个变量间的关系等。列表通常是数据整理的第一步,为标绘曲线图或整理成数学方程打下基础。

1. 实验数据表的分类

实验数据表一般分为两大类:原始数据记录表和整理计算数据表。下面以层流阻力实验为例进行说明。

原始数据记录表是根据实验的具体内容而设计的,以清楚地记录所有待测数据。该表要在实验前设计好。层流阻力实验原始数据记录表如表 1.3.1 所示。

表 1.3.1　层流阻力实验原始数据记录表

序号	水的体积 V/mL	时间 t/s	压差计示值			备注
			左/mm	右/mm	ΔR/mm	
1						
2						
...						
n						

整理计算数据表可细分为中间计算结果表(体现出实验过程主要变量的计算结果)、综合结果表(表达实验过程中得出的结论)和误差分析表(表达实验值与参照值或理论值的误差范围)等,实验报告中具体要用到几个表,应根据具体实验情况而定。层流阻力实验整理计算数据表如表 1.3.2 所示,误差分析表如表 1.3.3 所示。

表 1.3.2　层流阻力实验整理计算数据表

序号	流量 V/(m³/s)	平均流速 u/(m/s)	层流沿程损失值 H_f/mH₂O	Re/×10²	λ/×10⁻²	$Re\text{-}\lambda$ 关系式
1						
2						
...						
n						

表 1.3.3　层流阻力实验误差分析表

层流	$\lambda_{实验}$	$\lambda_{理论}$	相对误差

2．设计实验数据表应注意的事项

（1）表格设计力求简明扼要，便于阅读和使用。记录、计算项目要满足实验需要，如原始数据记录表上方要列出实验装置的几何参数以及平均水温等常数项。

（2）表头列出物理量的名称、符号和计量单位。符号与计量单位之间用斜线"/"隔开。斜线不能重叠使用。计量单位不宜混在数字之中。

（3）注意有效数字位数，即记录的数字应与测量仪表的精确度相匹配，不可过多或过少。

（4）物理量的数值较大或较小时，要用科学记数法表示。以"物理量的符号/$\times 10^{\pm n}$计量单位"的形式记入表头。表头中的"$10^{\pm n}$"与表中的数据应服从下式：

$$物理量的实际值 \times 10^{\pm n} = 表中数据$$

（5）为便于引用，应在每一个数据表的上方写明表号和表题（表名）。表号应按出现的顺序编写，并在正文中有所交代。同一个表尽量不跨页，必须跨页时，在跨页的表上注明"续表"。

（6）数据书写要清楚整齐。修改时宜用单线将错误的划掉，将正确的写在下面。各种实验条件及记录者的姓名可作为"表注"，写在表的下方。

1.3.2　图示法

实验数据图示法就是将整理得到的实验数据或结果标绘成描述因变量和自变量的依从关系的图线。该法的优点是直观清晰，便于比较，容易看出数据中的极值点、转折点、周期、变化率以及其他特性。准确的图形还可以在不知数学表达式的情况下进行微积分运算。因此，其得到了广泛的应用。

实验图线的标绘是实验数据整理的第二步。图示法应注意的事项：

（1）对于两个变量的系统，习惯上选横轴为自变量，纵轴为因变量。在两轴侧要标明变量名称、符号和单位，尤其是单位，初学者往往因受纯数学的影响而容易忽略。

（2）坐标分度要适当，使变量的函数关系呈现清楚。对于直角坐标，原点不一定选为零点，应根据所标绘数据范围而定，原点应移至比数据中最小者稍小一些的位置为宜，以能使图形占满全幅坐标线为原则。

对于对数坐标，坐标轴刻度是按 $1,2,\cdots,10$ 的对数值大小划分的，其分度要遵循对数坐标的规律，当用坐标表示不同大小的数据时，只可将各值乘以 10^n（n 取正、负整数）而不能任意划分。对数坐标的原点不是零。在对数坐标上，$1,10,100,1000$ 之间的实际距离是相同的，因为上述各数相应的对数值为 $0,1,2,3$，这在线性坐标上的距离相同。

（3）实验数据的标绘。若在同一张坐标纸上同时标绘几组测量值。则各组要用不同符号（如○、△等）以示区别。若 x 组不同函数同绘在一张坐标纸上，则在曲线上要标明函数关系名称。

（4）图要有图号和图题（图名），图号应按出现的顺序编写，并在正文中有所交代。必要时还应有图注。

（5）图线应光滑。利用曲线板等工具将各离散点连接成光滑曲线，并使曲线尽可能通过较多的实验点，或者使曲线以外的点尽可能位于曲线附近，并使曲线两侧的点数大致相等。

1.3.3　实验数据数学方程表示法

在实验研究中,除了用表格和图形描述变量间的关系外,还常常把实验数据整理成方程,以描述过程的自变量和因变量之间的关系,即建立过程的数学模型。其方法是将实验数据绘制成曲线,与已知函数关系式的典型曲线(线性方程、幂函数方程、指数函数方程、抛物线函数方程、双曲线函数方程等)进行对照选择,然后用图解法或者数值方法确定函数式中的各种常数。所得函数表达式是否能准确地反映实验数据间的关系,应通过检验加以确认。运用计算机软件Origin 将实验数据回归为数学方程,已成为实验数据处理的主要手段。

1. 数学方程的选择

数学方程选择的原则是既要求形式简单、所含常数较少,又希望能准确地表达实验数据之间的关系。但要同时满足这两点,往往难以做到,通常是在保证必要的精确度的前提下,尽可能选择简单的线性关系或者经过适当方法转换成线性关系的形式,使数据处理简单化。

数学方程选择的方法如下:将实验数据标绘在普通坐标纸上,得到一条直线或曲线。如果是直线,则根据初等数学可知,$y = A + Bx$,其中 A,B 可由直线的截距和斜率求得。如果不是直线,也就是说,y 和 x 不是线性关系,则可将实验曲线和典型的函数曲线相对照,选择与实验曲线相似的典型曲线函数,然后用直线化方法处理,最后对所选函数与实验数据的符合程度进行检验。

2. 图解法求方程中的常数

在方程选定后,可用图解法求其中的常数。

3. 实验数据的回归分析法

尽管图解法有很多优点,但它的应用范围很有限。回归分析法这种数学方法可以从大量测量的散点数据中寻找到能反映事物内部特点的一些统计规律,并可以用数学模型形式表达出来。回归分析法与计算机相结合,已成为确定经验公式非常有效的手段之一。

回归也称拟合。对具有相关关系的两个变量,若用一条直线描述,则称一元线性回归,用一条曲线描述,则称一元非线性回归。对具有相关关系的三个变量,其中包括一个因变量、两个自变量,若用平面描述,则称二元线性回归,用曲面描述,则称二元非线性回归。依次类推,可以延伸到 n 维空间,进行回归,则称多元线性回归或多元非线性回归。处理实验问题时,往往将非线性问题转化为线性来处理。建立线性回归方程的最有效方法为线性最小二乘法。

实验数据变量之间的关系具有不确定性。当 x 改变时,y 的分布也以一定的方式改变,在这种情况下,变量 x 和 y 间的关系就称为相关关系。

在以上用回归分析法求方程的过程中,并不需要事先假定两个变量之间一定有某种相关关系。就方法本身而论,即使平面图上是一群完全杂乱无章的离散点,也能用最小二乘法给其配一条直线来表示 x 和 y 之间的关系。但显然这是毫无意义的。实际上只有两变量是线性关系时进行线性回归才有意义。因此,要对回归效果进行检验。

实验过程中,也可采用数据处理软件 Origin 进行数据处理、拟合方程及回归效果检验。

1.4　实验要求及注意事项

材料科学基础实验包括实验预习,实验操作,测定、记录和数据处理,实验报告撰写四个主要环节,各个环节的具体要求如下:

1.4.1　实验预习

要达到实验目的,仅预习实验原理部分是不够的,还要做到以下几点:

(1) 认真预习课程教材以及参考书的有关内容,弄清实验的目的和要求。

(2) 根据实验的具体任务,研究实验方法及其理论根据,分析应该测取哪些数据,并估计实验数据的变化规律。

(3) 到实验室现场熟悉设备装置的结构和流程。

(4) 明确操作程序与所要测定的参数,了解相关仪表的类型和使用方法以及参数的调整、实验测试点的分配等。

(5) 拟定实验方案,决定先做什么,后做什么,弄清操作条件、设备的启动程序等。

1.4.2　实验操作

一般以 2～4 人为一小组合作进行实验,实验前必须做好组织工作,做到既分工又合作,每个组员要各负其责,并且要在适当的时候进行轮换工作,这样既能保证质量,又能获得全面的训练。实验操作注意事项如下:

(1) 实验设备的启动操作,应按教材说明的程序逐项进行,设备启动前要检查,皆为正常时,才能合上电闸,使设备运转。

(2) 操作过程中设备及仪表有异常情况时,应立即停止操作并向指导教师报告。对问题的处理应了解其全过程,这是分析问题和解决问题的极好机会。

(3) 操作过程中应随时观察仪表指示值的变动,确保操作过程在稳定条件下进行。出现不符合规律的现象时应注意观察研究,分析其原因,不要轻易放过。

(4) 实验停止前应先将有关气源、水源、电源关闭,然后切断电机电源,并将各阀门恢复至实验前所处的位置(开或关)。

1.4.3　测定、记录和数据处理

1. 确定要测定哪些数据

与实验结果有关或是整理数据时所需的参数一般应测定。原始数据记录表的设计应在实验前完成。原始数据应包括工作介质性质、操作条件、设备几何尺寸及大气条件等,并不是所有数据都要直接测定,如果可以根据某一参数推导出或根据某一参数由手册查出的数据,就不必直接测定。例如,水的黏度、密度等物理性质,一般只要测出水温后即可查出,因此不必直接测定水的黏度、密度,而应该测水的温度。

2．读数与记录

（1）事先必须拟好记录表，只负责记某一项数据的，也要列出完整的记录表，在表格中应记下各物理量的名称、表示符号及单位。每个学生都应有一个实验记录本，不应随便拿一张纸记录数据，要保证数据完整、条理清楚，避免张冠李戴。

（2）待设备各部分运转正常，操作稳定后才能读取数据。如何判断是否已达到稳定状态？两次测定的读数相同或十分相近，即可判断操作稳定。在变更操作条件后各项参数达到稳定需要一定的时间，因此也要待其稳定后方可读数，否则易造成实验结果无规律甚至反常。

（3）同一操作条件下，不同数据最好是不同人读取，若操作者同时兼读几个数据，应尽可能动作敏捷。

（4）每次读数都应与其他有关数据及前次数据对照，看看相互关系是否合理，如不合理应查找原因（是现象反常还是读错了数据），并要在记录表上注明。

（5）所记录的数据应是直接读取的原始数值，不要经过运算后再记录。例如，秒表读数 1 分 23 秒，应记为 1′23″，不要记为 83″。

（6）读取数据时要充分考虑仪表的精确度，读至仪表最小分度的下一位数，这个数应为估计值。如水银温度计最小分度为 0.1 ℃，若水银柱恰指 22.4 ℃，应记为 22.40 ℃。注意过多取估计值的位数是毫无意义的。

在读数过程中有些参数波动较大时，首先要设法减小其波动。在波动不能完全消除的情况下，可取波动的最高点与最低点两个数据，然后取平均值；当波动不是很大时，可取一次波动的高低点之间的中间值作为估计值。

（7）不要凭主观臆测修改记录数据，也不要随意舍弃数据，对可疑数据，除有明显原因（如读错、误记等情况）使数据不正常的可以舍弃之外，一般应在数据处理时检查处理。

（8）记录完毕要仔细检查一遍，查看有无漏记或记错之处，特别要注意仪表上的计量单位。实验完毕，将原始数据记录表交给指导教师检查并签字，教师认为准确无误后方可结束实验。

3．实验过程注意事项

（1）操作者要密切注意仪表指示值的变动，随时调节，使整个操作过程都在规定条件下进行。操作人员不要擅离岗位。

（2）读取数据后，应立即与前次数据相比较，也要与其他有关数据相对照，分析相互关系是否合理。如果发现不合理的情况，应立即与小组成员一起查找原因，明确是自己的知识错误，还是测定的数据有问题，以便及时发现问题，解决问题。

（3）还应注意观察实验过程中的现象，特别是发现某些不正常现象时更应抓住时机，研究产生不正常现象的原因。

4．数据的整理及处理

（1）原始记录只可进行整理，绝不可以随便修改。经判断确实为过失误差造成的不正确数据注明后可以剔除，不计入结果。

（2）采用列表法整理数据清晰明了，便于比较，一份正式实验报告一般要有 4 种表格：原始数据记录表、中间计算结果表、综合结果表和误差分析表。中间计算结果表之后应附有计算示例，以说明各项之间的关系。

（3）运算中尽可能利用常数归纳法，以避免重复计算，减少计算错误。例如，在流体阻力实验中，计算 Re 和 λ 值，可按以下方法进行：

Re 的计算如下：

$$Re = du\rho\mu$$

式中，d，μ，ρ 在水温不变或变化甚小时可视为常数，合并为

$$A = d\rho\mu$$

故有

$$Re = Au$$

A 的值确定后，改变 u 值可算出 Re 值。

（4）实验结果及结论用列表法、图示法或数学方程表示法来说明都可以，但均要标明实验条件。

1.4.4　实验报告撰写

实验报告是实验工作的全面总结和系统概括，是实践环节中不可缺少的一个重要组成部分。本课程实验报告的内容应包括以下几项：

（1）实验名称，报告人姓名、班级及同组实验人员姓名，实验地点，指导教师，实验日期。将上述内容放在实验报告的封面上。

（2）实验目的。简明扼要地说明为什么要进行本实验，实验要解决什么问题。

（3）实验原理（实验的理论依据）。简要说明实验的基本原理，包括实验涉及的主要概念、实验依据的重要定律、公式及据此推算的重要结果，要求准确、充分。

（4）实验装置流程示意图。简单地画出实验装置流程示意图和测试点、控制点的具体位置及主要设备、仪器的名称。标出设备、仪器及调节阀等的标号，在流程图的下方写出图名及与标号相对应的设备、仪器等的名称。

（5）实验操作要点。将实际操作程序划分为几个步骤，并在前面加上序数词，以使条理更为清晰。对于操作过程的说明应简单明了。

（6）实验注意事项。对于容易引起设备或仪表损坏、容易发生危险以及一些对实验结果影响比较大的操作，应在注意事项中注明，以引起注意。

（7）原始数据记录。记录实验过程中从测量仪表所读取的数值。读数方法要正确，记录数据要准确，要根据仪表的精确度确定实验数据的有效数字的位数。

（8）数据分析及处理。数据处理是实验报告的重点内容之一，要求将实验原始数据整理、计算、加工成表格或图的形式。表格要易于显示数据的变化规律及各参数的相关性；图要能直观地表达变量间的相互关系。

（9）数据计算过程举例。以某一组原始数据为例，把各项计算过程列出，以说明数据整理表中的结果是如何得到的。

（10）实验结果的分析与讨论。实验结果的分析与讨论是实验者理论水平的具体体现，也是对实验方法和结果进行的综合分析研究，是实验报告的重要内容之一，主要内容包括：

① 从理论上对实验所得结果进行分析和解释，说明其必然性；

② 对实验中的异常现象进行分析讨论,说明影响实验的主要因素;

③ 分析误差的大小和产生误差的原因,指出提高实验结果精确度的途径;

④ 将实验结果与前人和班级其他人的结果对比,说明结果的异同,并解释这种异同;

⑤ 说明本实验结果在生产实践中的价值和意义,推广和应用效果的预测等;

⑥ 由实验结果提出进一步的研究方向或对实验方法及装置提出改进建议等。

(11) 实验结论。结论是根据实验结果所作出的最后判断,得出的结论要从实际出发,有理论依据。

(12) 参考文献。

实验报告根据各实验要求按传统实验报告格式撰写并按规定时间上交。

第 2 章　仪器分析与表征实验

实验 1　X 射线衍射实验

X 射线是一种电磁辐射,其波长介于紫外线和 γ 射线之间。晶体中原子间的距离也位于这一长度范围,因此 X 射线衍射是研究晶体结构的重要手段。晶体的衍射特征(衍射线的位置、强度)可以反映物质的种类、晶相等,是判断物相的重要依据。自 1912 年发现 X 射线晶体衍射现象以来,随着实验技术的发展,X 射线衍射技术可以解决的问题越来越多,其广泛应用在材料科学、生命科学、环境科学和地质学等众多领域。同步辐射光源和自由电子激光器等新仪器的出现,进一步促进了 X 射线衍射技术的发展,并扩展了其应用领域。

【实验目的】

(1) 掌握 X 射线衍射仪的工作原理和操作方法。
(2) 掌握 X 射线衍射实验中样品的制备方法。
(3) 熟悉利用衍射谱图进行物质的物相分析。

【实验原理】

真空条件下,电子在高压电场中加速后轰击金属靶面,将金属原子中的内层电子撞出,外层电子跃迁回内层填补空穴的同时释放出 X 射线。X 射线由 X 射线机产生,X 射线机主要由 X 射线管、高压变压器、电压电流调节稳定系统等构成。其中 X 射线管是非常重要的部件之一,由阴极和阳极两大部件组成。阴极一般由钨丝制成,阳极靶材通常由 Cu,Fe,Co,Mo 等金属制成。当在阴极和阳极之间加数万伏高压电时,阴极钨丝产生的电子在电场的作用下,高速射向阳极靶材。高速电子与阳极靶材碰撞,电子突然减速并发出 X 射线。所产生的 X 射线通过铍窗出射,即可提供给实验所用。高速电子转化为 X 射线的效率只有 1%,其余 99% 都转化为热能,这就是 X 射线衍射仪常常配备循环冷凝水系统的原因。X 射线管发出的 X 射线谱主要有连续谱和特征谱两种,在我们实验中用到的是特征谱。特征 X 射线谱的频率只取决于阳极靶物质的原子能级结构,它是物质的固有属性。在 X 射线多晶衍射中,我们主要利用的是 K 系辐射源,具体来说就是单色 K_α 射线。如通常使用的 Cu 靶对应的 X 射线的波长大约为 1.5418 Å ($1 \text{Å} = 10^{-10}$ m)。

从能量转换的角度来看,X 射线与物质相互作用时可以发生散射、吸收或者透过。当一束单色 X 射线照射在晶体上时，由于晶体内部结构的基本单元在三维空间是周期性排列的，X 射线会受到晶体中原子的散射，这些原子散射波之间存在着固定的位相关系，它们会在空间产生干涉，结果导致在某些散射方向的散射波相互加强，在这个方向上可以观察到衍射线，而在某些方向上散射波相互抵消，没有衍射线产生。X 射线在晶体中的衍射现象，是大量的原子散射波相互干涉的结果。因此，相干散射是 X 射线衍射的物理基础。

1912 年，德国科学家劳厄(Max von Laue)等人将连续 X 射线照射到无水硫酸铜晶体上，在放置于晶体后方的底片上记录到一系列分立斑点。除了 X 射线入射方向的中心斑点外，其余的斑点是由偏离了入射方向的出射 X 射线造成的，这就是衍射现象。在当时，人们对于晶体内部原子排列的周期性仍然停留在猜测和理论研究的程度，晶体内部的周期性还没有得到实验证实。X 射线的波长与晶体内部原子排列的周期相当，具有三维周期性结构的晶体对于 X 射线而言就是一个三维衍射光栅。因此，劳厄实验证实了当时的两个科学推论或猜想，即 X 射线具有波动性和晶体具有周期性的点阵结构，开创了 X 射线衍射物理学。劳厄考虑到晶体结构的周期性，从经典理论出发得到了解释 X 射线衍射规律的劳厄方程。1913 年，英国物理学家布拉格父子(William Henry Bragg, William Lawrence Bragg)在劳厄发现的基础上，成功测定了 NaCl, KCl 等的晶体结构，并提出了作为晶体衍射基础的著名公式——布拉格方程：

$$2d\sin\theta = n\lambda \quad (n = 1, 2, 3, \cdots) \tag{2.1.1}$$

式中，d 是晶面间距；θ 是掠射角；n 是反射级数；λ 是 X 射线的波长。布拉格方程是 X 射线衍射分析的根本依据，如图 2.1.1 所示。由于原子在晶体中是周期性排列的，晶体的点阵结构可以看成是由一组平行且等距的原子面层层叠加而成的，不同晶面具有不同的晶面间距。当 X 射线入射到晶面间距为 d 的两个平行晶面时，其会受到晶面的反射，两束反射 X 光的波长和反射角都相同，但它们的光程不同。光程差为入射波长的整数倍时，两束光的相位角一致，则互相加强；其他状态下则相互减弱。由此可见，当 X 射线照射到晶体上时，产生衍射的必要条件是掠射角要满足布拉格方程。不同晶体的质点种类、晶胞大小、对称性的差异，导致存在一系列特定的 d 值。对于某一晶面间距确定为 d 的晶面列，当 X 射线入射光波长为 λ 时，总存在 θ 与之对应，从而满足布拉格方程，产生 X 射线衍射线。根据布拉格方程，可以利用已知的晶体(d已知)通过测试 θ 角来研究未知 X 射线的波长，也可以利用已知 X 射线(λ 已知)来测量未知晶体的晶面间距。

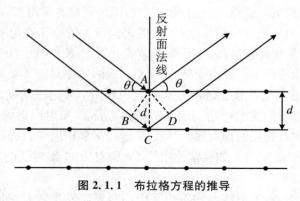

图 2.1.1　布拉格方程的推导

　　X射线衍射仪是进行X射线分析的重要设备,主要由X射线发生器、测角仪、辐射探测器、计算机以及循环冷凝水系统组成。图2.1.2给出了X射线粉末衍射仪示意图。X射线发生器是产生足够强度的、稳定的X射线的装置;测角仪是衍射仪的核心部件,主要由X射线管、探测器壁、样品台以及狭缝组成。X射线发生器发射的X射线照射到样品上,产生衍射现象,用辐射探测器接收衍射线的光信号,将光信号转变为瞬时脉冲的电信号,经测量电路放大处理后,最终在计算机中显示衍射线的位置、形状和强度等衍射数据,同时配上商业的分析软件,可以对谱图进行物相分析,如物相检索、标定、线形分析以及精修等。一般采用 $\theta\text{-}2\theta$ 型测角仪,光源保持不动,探测器以样品转动速度的2倍进行运动,这样对样品来说,入射角和衍射角还是以相同的角度运动。

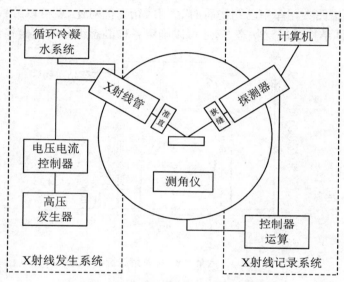

图 2.1.2　X射线粉末衍射仪示意图

　　为了获得清晰的衍射图,必须使样品背景的荧光干扰最小化,这一部分来源于靶材的特征X射线激发产生的荧光辐射。可选择比样品高一个原子序数或与其元素相同的目标靶材,此时X射线的波长远离样品中主要成分的K系吸收限,大大降低了强吸收和产生荧光的可能性。同时,靶材的特征X射线的波长也决定了X射线衍射所能测定的 d 值范围(0.1~1 nm)。因此,要根据实际情况选择合适的靶材,表2.1.1给出了常用靶材的适用范围和特征X射线。

表 2.1.1　常用靶材的适用范围和特征 X 射线

靶材	原子序数	适 用 范 围	$K_\alpha/\text{Å}$	$K_\beta/\text{Å}$
Cu	29	一般无机物,有机物(除黑色金属)	1.5418	1.3922
Co	27	黑色金属样品,强度高,信噪比低	1.7902	1.6207
Fe	26	黑色金属样品,靶材的允许负荷小	1.9373	1.7565
Cr	24	黑色金属样品,强度低,信噪比高	2.2909	2.0848
Mo	42	钢铁样品	0.7107	0.6323

X射线衍射物相分析是基于每种晶体的结构与其X射线衍射谱图之间存在着一一对应的关系。任何结晶物质都具有自己唯一的化学组成和晶体结构，晶体结构中的晶胞参数决定了衍射方向，而晶胞中原子的种类、数目和排列方式又决定了衍射强度，因此每一种结晶物质被X射线照射的时候，都会产生各自特征的衍射图样，可以用 d 值和衍射强度来标定。d 值与晶胞的形状和大小相关，相对强度与晶胞中原子的种类、位置有关，因此我们通过结晶物质衍射数据中的 d 值和衍射峰相对强度就可以知道晶体结构的类型，从而鉴别结晶物质的物相。图 2.1.3 是典型的六角 ZnO 的 X射线衍射谱图，横坐标是衍射峰的 2θ 位置，纵坐标是衍射峰相对强度。在多相共存体系中，衍射谱图是由各个独立存在、互不相干的单相物质的 X射线衍射谱图叠加而成的。基于此，将实验测得晶体样品的 X射线特征衍射线的角度位置、相对强度及数量与 X射线衍射标准谱图数据库中已知物质的 X射线衍射图对比，就可以分析样品的物相组成、结晶情况、晶相、晶体结构及成键状态等，还可以确定各种晶态组分的结构和含量。

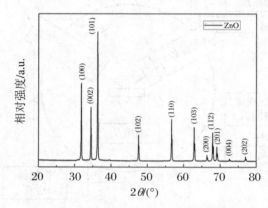

图 2.1.3 六角 ZnO 的 X 射线衍射谱图

【实验仪器和材料】

1. 实验仪器

X射线衍射仪、玛瑙研钵、样品板、药匙、镊子、洗耳球等。图 2.1.4 是荷兰 PANalytical 的 Empyrean 型高分辨 X 射线衍射仪实物图。

2. 实验材料

ZnO 粉末、ZnO 和 $BaCO_3$ 混合粉末、无水乙醇。

【实验内容和步骤】

（1）制样。X射线衍射仪的测试对象很多，样品可以是粉末状、块状、薄膜状、纤维状等，每种样品都存在对应的制备方法。在制备粉末样品之前，需要将玻璃样品板、Al 制样品板、勺子、玻璃平板、研钵清洗擦拭干净。下面介绍 3 种样品的制备方法：

① 粉末样品。粉末样品应在空气中稳定存在，不吸水，粒度一般要求小于 $50~\mu m$。对于粗颗粒例如脆性陶瓷等，可用玛瑙研钵慢慢研磨，直到用中指和拇指捏少量的粉末，相互揉搓时没

图 2.1.4　Empyrean 型高分辨 X 射线衍射仪实物图

有明显的颗粒感为止。然后将研磨好的粉末倒入玻璃样品板的凹槽内,再用平整光滑的玻璃板压实,将槽外多余的粉末刮去,保证样品面与玻璃表面齐平。本次实验采用的是粉末样品,分别按照上述操作要点制备 $BaCO_3$ 和 ZnO 粉末样品。

②　块状样品。要将样品表面研磨抛光,使其无应力和择优取向,打磨成一个面积小于 1.8 cm×1.8 cm,厚度小于 10 mm 的平面,再黏附到中空样品架上,保证样品表面和样品架表面齐平。

③　薄膜状样品。将样品裁剪成合适的尺寸,用透明胶带将其粘贴在玻璃样品架上即可。

(2) 测试。① 依次打开循环冷凝水系统电源开关、X 射线衍射仪电源空气开关和衍射仪稳压电源开关,保证冷凝水流通,控制水温在 20~24 ℃ 范围。

②　按下衍射仪面板上的"UNLOCK DOORS"按钮,打开仪器门。将准备好的 ZnO 样品测试面朝上,插入样品台正中间,可以使用手指移动以确保样品板放入样品台的正中间,轻推关闭仪器门。

③　样品放置完成后,打开计算机 X 射线衍射仪应用软件,进行软件参数设置。首先设置 X 射线管电压,点击"Measure",在跳出来的"Program"中,选择"Power Up",点击"OK"即可,分别将电压和电流升至 40 kV 和 40 mA。

④　接着设置其他参数。点击工具栏"File"→"Open Program",双击打开相关程序,设置参数即可。此步骤可以设置的参数主要有衍射的起始和终止角度、步宽和扫描速度。

⑤　点击"Measure",在跳出来的"Open Program"中双击相关程序,在弹出的窗口中设置文件名,并建立或选择数据存储目录,点击"OK",开始对样品进行扫描并采集数据。这时,计算机里会出现一个横坐标是衍射角 2θ 值,纵坐标是相对强度值的衍射谱图。测试完成后,会在保存路径中看到一个 xrdml 文件。

(3) 测试完毕后,重复步骤(2),扫描测试 ZnO 和 $BaCO_3$ 混合粉末样品。注意测试过程中,切勿随意开门! 如需中止,点击工具栏"Stop"按钮,并对弹出的提示点击"OK"。

(4) 实验结束后,关闭 X 射线衍射仪应用软件,取出样品,将电流缓慢降至 10 mA,电压降至 30 kV 后,关闭 X 射线管高压,继续等待 30 min,当 X 射线管完全冷却后,关闭循环冷凝水系统电源开关、衍射仪稳压电源开关和 X 射线衍射仪电源空气开关。

【数据分析及处理】

借助 XRD 分析软件如 Highscore(Plus),Jade,Power Suite 等处理数据,对样品开展物相定性分析和定量分析。一般依次通过剔除 $K_{\alpha 2}$、平滑处理、扣除背底、寻峰、设定物相检索的限制条件以及对物相进行甄别和确定等操作,分别得到 ZnO 粉末、ZnO 和 $BaCO_3$ 混合粉末衍射谱图中各峰的相对强度(峰高)和衍射角(2θ),并计算出相应的晶面间距 d,与数据库中的标准衍射谱图比对,鉴定样品的物相,判断其晶体结构,并进行简单的误差分析。

【实验注意事项】

(1) 衍射仪属于贵重仪器,要在衍射仪管理人员许可的情况下,方可进行测试。

(2) 测试过程中要遵守操作规范,谱图测试过程中,切勿随意开门!

(3) 粉末样品制备过程中,要保证样品面与玻璃表面齐平。

【实验报告要求】

(1) 简述 X 射线衍射实验的基本原理。

(2) 简述使用 X 射线衍射仪测定未知粉末样品衍射谱图的基本操作步骤。

(3) 与标准衍射谱图比对,定性分析出所测样品的物相,并分析产生误差的主要原因。

【思考题】

(1) X 射线是如何产生的? 发生 X 射线衍射要满足什么条件?

(2) X 射线衍射仪的适用对象是什么? 其鉴定物相的理论依据是什么?

(3) 在粉末样品制备的过程中应注意什么问题? 为什么要保证样品面与玻璃表面齐平?

实验 2　X 射线光电子能谱测试

X 射线光电子能谱(X-ray Photoelectron Spectroscopy,XPS)是一种常用的表面分析技术,可以确定样品表面 10 nm 厚度内的元素种类(除 H 和 He 外,因为它们没有内层能级)、元素的相对含量和元素的化学环境(价态等),为材料的表面物理和化学相互作用提供重要信息,在材料科学、物理学、表面化学以及环境等领域有着重要的应用价值。

【实验目的】

(1) 熟悉 X 射线光电子能谱的原理。

(2) 掌握 X 射线光电子能谱的样品制备方法和测试技术,学会利用 X 射线光电子能谱进行固体样品表面元素定性、半定量和化学价态的简单分析。

（3）了解 X 射线光电子能谱仪的基本结构和工作原理。

【实验原理】

X 射线光电子能谱理论最早是由瑞典皇家科学院院士、乌普萨拉大学物理研究所所长 K. Siebahn 教授创立的,原名为化学分析电子能谱(Electron Spectroscopy for Chemical Analysis, ESCA)。1954 年人们成功研制了世界上第一台双聚焦磁场式光电子能谱仪。当一定能量的 X 射线辐照样品表面时,样品表面原子内不同能级的电子(包括外层轨道的价电子和内层轨道电子)会脱离原子核的束缚,以一定的动能从原子内部发射出来,而被激发成自由光电子,原子本身则变成一个激发态的离子。这些光电子的能量仅与入射光的频率及原子轨道结合能有关,带有样品表面的特征信息。X 射线光电子能谱就是研究这些光电子能量分布的一种方法。光电子能谱可以反映原子(或离子)在入射粒子(如 X 射线)作用下发射出来的电子的能量、强度、角分布等信息。

XPS 的采样深度与材料性质、光电子的能量、样品表面以及分析器的角度有关,只有从样品表面附近的薄层(10 nm 以内)激发出的光电子才能逸出并被检测到,因此 XPS 是一项重要的表面分析技术。XPS 具有很高的表面检测灵敏度,可以达到 10^{-3} 原子单层,测试时所需样品量较低且无损,相互干扰少,元素定性的标识性强,准确度高,但对于体相检测灵敏度仅为0.1% 左右。根据卢瑟福的工作,当 X 射线辐照到物体上时,逸出光电子的动能 E_K 与入射 X 射线的能量 $h\nu$ 满足以下方程:

$$E_K = h\nu - E_B - \phi$$
(2.2.1)

式中, E_B 为特定原子轨道上的结合能; ϕ 是能谱仪的功函数(其平均值为 3~4 eV),与样品无关,主要由能谱仪材料和状态决定,本实验采用的 AXIS SUPRA + 型 X 射线光电子能谱仪的功函数为 4.5 eV。不同的原子轨道有其特征的结合能,由它与原子核之间的库仑作用力和其他电子的屏蔽效应共同决定。对于某固定的 X 射线源,逸出光电子的动能主要取决于元素的种类和其特定的原子轨道。因此,通过测量逸出光电子的动能 E_K ,就可以得到电子的结合能 E_B ,进而根据电子的结合能定性分析物质的元素种类。

元素的化学价态分析是 XPS 分析非常重要的应用之一。在光电子能谱中,同种原子的内层电子结合能在不同的化学环境中略有不同,一般差值为 1~10 eV,即元素的化学位移,它取决于元素在样品中所处的化学环境。化学键的形成过程中涉及电子转移,原子中电子的密度分布也会相应变化,进而影响到电子的结合能。通常情况下,元素获得额外电子时,成为负离子,更多的电子会增强屏蔽效应,从而降低电子的结合能;反之,当元素失去电子时,化合价为正,其结合能增加。利用化学位移值能够推断该原子失去的电子数目,从而分析元素在该物相中的化合价和存在形式。

当样品表面受 X 射线辐照后,从其表面受激逸出的光电子的强度 I(光电子谱线的峰面积)与样品中该原子的含量 C(或者浓度)存在线性关系。XPS 技术通常不能给出所分析元素的绝对含量,仅能提供各种元素的相对含量,是一种半定量分析技术。这主要考虑到实际分析时,光电子的平均自由程、样品的表面光洁度、元素所处的化学状态、X 射线光源强度以及仪器的状态等都会影响光电子的强度。其可以根据 $I = nS$ 进行计算,式中, S 代表灵敏度因子,可查阅经验标准常数表,用时需校正。若某一样品含有 A 和 B 两种元素,查阅得到它们的灵敏度因子分别为 S_A 和 S_B,测量得到其对应的光电子谱线的峰面积为 I_A 和 I_B,则

$$\frac{C_A}{C_B} = \frac{\dfrac{I_A}{S_A}}{\dfrac{I_B}{S_B}} \tag{2.2.2}$$

根据上式,即可求得两种元素的相对含量。在这里,元素的灵敏度因子不仅与元素种类有关,还与元素在物质中的存在状态、仪器的状态有关。因此,不经过校准测得的相对含量会存在很大的误差。

由于 XPS 是一种表面分析技术,样品表面的污染物或吸附物的存在会极大地影响其定量分析的可靠性,因此要高度清洁样品表面。通常,使用固定的氩离子源清洁样品表面,并要避免二次污染。同时,光电子的信号和能量很微弱,要防止光电子与真空中的残留气体分子碰撞而损失能量,从而导致光电子无法到达检测器,因此需要超高真空系统,真空度可达到 3×10^{-8} Pa。可以与样品室配合,实现快速传递和放置样品,而不会破坏分析室的超高真空。X 射线源一般有 Mg/Al 双阳极非单色化 X 射线源和微聚焦单色化 Al K_α-Ag L_α X 射线源,根据具体测试条件选用合适的靶材。XPS 可以直接测定样品表面电子能级分布和结构,获得周期表中除 H 和 He(因为它们没有内层能级)以外的所有元素的种类、化学价态以及相对含量信息。

X 射线光电子能谱仪通常由超高真空系统、快速进样室、X 射线源、电子收集透镜、电子能量分析器、电子探测器及计算机数据采集和处理系统等构成,如图 2.2.1 所示。在超高真空下,由 X 射线源发出的具有一定能量的 X 射线入射到样品表面,激发样品表面原子中不同能级的电子,产生自由光电子,光电子经过电子收集透镜、电子能量分析器后被电子探测器接收,电子探测器将光电子所携带的信息转换成电信号,最后通过计算机数据采集和处理系统获得光电子能谱。

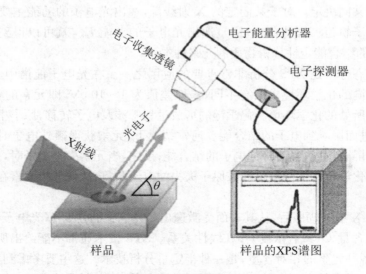

图 2.2.1　X 射线光电子能谱仪的基本构造示意图

　　为了提高定性分析的灵敏度,一般加大分析器的通能,提高信噪比。通常以逸出光电子的动能 E_K 或结合能 E_B 为横坐标,相对强度为纵坐标,利用 X 射线光电子能谱仪的宽扫描程序得到 XPS 谱图,进而确认物质中元素化学状态和组成。在分析谱图时,首先要消除荷电位移。荷电较大会导致结合能位置有较大的偏移,从而造成错误判断。使用计算机自动标峰时,同样会产生这种情况。对于待测样品,通常要进行校准。对于绝缘体材料,则必须进行校准。一般来说,只要该元素存在,其所有的强峰都应存在,否则要考虑是否为其他元素的干扰峰。激发出来的光电子依据激发轨道的名称来标记,如从 C 原子的 1s 轨道激发出来的光电子用 C 1s 标记。由于 X 射线源的光子能量较高,可以同时激发出多个原子轨道的光电子,因此在 XPS 谱图上会出现多组谱峰。大部分元素都可以激发出多组谱峰,可以利用这些峰排除能量相近峰的干扰,以有利于元素的定性标定。由于相近原子序数的元素激发出的光电子的结合能有较大的差异,因此相邻元素间的干扰作用很小。

　　图 2.2.2 是 Co_3O_4 粉末样品的宽能量范围内(0~1000 eV)的全谱图,C 1s、O 1s、Co 2p 特征峰的存在证明了样品含有碳、氧和钴元素。位于 779.5 eV 和 794.8 eV 的两个特征峰分别对应 Co $2p_{3/2}$ 和 Co $2p_{1/2}$ 的结合能。另外,可以通过进一步测定 Co 2p 的高分辨 XPS 谱图,判断 Co_3O_4 中钴原子的化学状态。

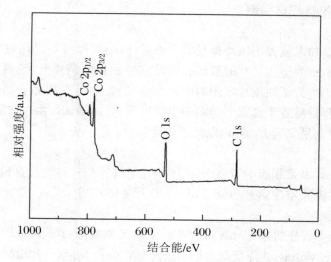

图 2.2.2　Co_3O_4 粉末样品的 XPS 谱图

【实验仪器和材料】

1. 实验仪器

　　X 射线光电子能谱仪、研钵、药匙等。图 2.2.3 为日本岛津的 AXIS SUPRA＋型 X 射线光电子能谱仪实物图。

2. 实验材料

　　ZnO 粉末、无水乙醇等。

图 2.2.3　AXIS SUPRA＋型 X 射线光电子能谱仪实物图

【实验内容和步骤】

以 ZnO 粉末的 XPS 测试为例。

1. 制样

将研磨后的 ZnO 粉末放置于压片模具的中央进行压片(厚度不能超过 5 mm)。用无水乙醇将样品台清洗干净,裁取适当尺寸的双面胶粘贴在样品台的铜片上,然后将覆盖片状样品的导电胶粘贴在双面胶上,为了使压片牢固地固定在样品台上,可在样品表面粘贴适宜大小的导电胶。制样完成后,将样品置于真空干燥箱中干燥处理,等待测试。当一次测试多个样品时,一般将样品放在样品台上呈 Z 字形排布,以便于后续标样。

2. 抽真空

把样品台固定在样品条相应的卡槽中,关闭快速进样室门。运行计算机上的 "ESCApe"软件,抽真空,直到进样室真空度达到 10^{-8} Torr(1 Torr＝133.3 Pa)。

3. 预热 X 射线源

设置电流和电压参数分别为 10 mA 和 15 kV,预热 X 射线源,其具体步骤是:打开"Instrument Tuing"窗口将"Anode Voltagel"降低至 8 kV,点击"Prepare Ml-600-BE9240AA"中的"On",以 1 kV 为步进增加"Anode Voltage"到 15 kV。然后在"Prepare M1-600-BE9240AA"中以 1 mA 为步进增加"Emission Current"至 10 mA。待稳定后关闭,即完成 X 射线源预热。过程中关注 SAC 真空度,不要有明显变化。

4. 传递样品条

(1) 打开"Sample Loader"窗口,先右击放置的样品条的"Slot",选择放置的样品条型号,然后让样品条移动到拍照位置,点击下方拍照按钮拍到比较清晰的照片。这里需要注意,如果样品条放置在 3 号 Slot 的时候,Flexi-lock 一定要抽到比较好的真空才能点击拍照,因为 3 号样品拍照的位置需要打开中间阀。

(2) 拍完照片确认 SAC 和 Flexi-lock 只相差一个数量级,此时可以往"Stage"上传递样品条。

5. 定位和标样

样品条传递成功后，可以打开"Analysis Location"来选取样品测试的点。依次选点，移动到选点位置，增加位置来确定测试位置。这里的选点位置为粗选，实际测试位置需要打开"Display Microsocpe"来确认。

6. 采集谱图

(1) 打开"Data Organiser"，点击"New Experiment"，建立数据存储文件。在"Analysis Location"中选择新建的数据文件。

(2) 打开"Analysis"，选择"Queue"模式。打开"Acquisition Method"，选择测试的条件。然后在"Analysis Location"里提交测试位置，点击"Analysis"里的"Start"就可以进行测试了。选择"Auto"后才会连续测试。

注意每个样品都应该先做完"Auto Z"确认最佳高度没有问题后，再提交宽扫和窄扫的测试条件。其具体步骤如下：标样完成后，在存储路径下选中相应预设程序，提交任务，点击"Auto"，将获得的数据进行自动寻高处理；寻高完成后，采集样品的宽谱图，选中相应预设程序，提交任务，开始自动收谱并存储。最后进行高分辨窄谱图采集，根据全谱所寻的峰，添加所有待测元素，扫描的能量范围依据各元素而定，依次输入各元素的参数（如扫描的能量起始值、步长、扫描时间等），提交任务，开始采集谱图。

7. 退出样品条

(1) 确认所有数据均测试完成，且没有需要复测的数据后，点击"Sample Loader"上的确认传出样品条。

(2) 点击"Sample Loader"下面的"Flexi-lock"，点击"Vent"，待门打开后即可以取出样品条，并恢复分析室的真空度。

【数据分析及处理】

分析 ZnO 粉末的组成、相对含量和化学价态。

(1) 定性分析。处理计算机中的原始数据，首先选中所有谱图，点击"Charge Shift"，根据C-C 峰位 284.6 eV 对全谱进行荷电校正，通过自动标注每个峰的结合能位置来进行元素的鉴别。

(2) 定量分析。扣除背底后，选择每种元素光电子谱线的面积计算区域，通过定量分析程序由计算机自动计算出每个元素的相对原子百分比，得到各元素的相对含量。

(3) 元素化学价态分析。在获得的各种元素的高分辨窄谱图上，自动标识结合能数据，与标准数据库进行比对，鉴别这些元素的化学价态。

【实验注意事项】

(1) 制备测试样品一般要求：样品尺寸不宜过大，表面干净、平整，干燥，不含挥发性物质。

(2) 无特殊情况时，为了维持系统的超高真空状态，仪器一直是处于开机状态。

(3) 测试前，首先要检查水箱压力、电源、气源是否处于正常状态，检查样品分析室的真空度(应优于 10^{-9} Torr)。

【实验报告要求】

(1) 简述 XPS 的基本原理及测试步骤。
(2) 简述 XPS 粉末样品的制备流程、注意事项。
(3) 分析所测 ZnO 粉末中存在的元素种类、元素的含量及化学状态。

【思考题】

(1) 如何利用 XPS 分析技术测得各未知元素原子轨道的特征结合能,并从其结合能来鉴定未知元素的种类?
(2) 为什么说 XPS 分析技术是一种半定量的分析手段?
(3) X 射线光电子能谱仪在测试时为什么需要超高真空?
(4) 解释 XPS 中的化学位移。如何测定样品的化学位移?

实验 3　扫描电子显微镜的原理、结构及使用

扫描电子显微镜(Scanning Electron Microscope,SEM)具有分辨率高、焦深大、放大倍数大、范围广、连续可调等特点,广泛应用在材料科学、冶金学、地矿学、化学物理学、生物学、医学以及地质勘探、机械制造、生产工艺控制、产品质量控制等领域中,促进了各领域的发展。在材料科学研究领域,扫描电镜已经普遍应用于产品失效分析、金相组织分析、涂层组织和形貌分析以及磨损面、腐蚀表面、氧化膜、沉积膜、多孔薄膜的表面形貌研究。商品扫描电子显微镜的分辨率从第一台的 25 nm 提高到现在的 0.8 nm,已经接近于透射电子显微电镜(Transmission Electron Microscope,TEM)的分辨率,现在大多数扫描电子显微镜都能同 X 射线波谱仪、X 射线能谱仪(Energy Dispersive Spectrometer,EDS)和自动图像分析仪等组合,使得它成为一种对表面微观世界能够进行全面分析的多功能电子光学仪器。

【实验目的】

(1) 了解扫描电子显微镜的基本结构与工作原理。
(2) 掌握扫描电子显微镜样品的制备方法。
(3) 掌握扫描电子显微镜的基本操作方法。
(4) 学会根据扫描电子显微镜照片对样品的形貌及成分进行分析。

【实验原理】

扫描电子显微镜于 20 世纪 60 年代问世,经过近 60 年的发展,其分辨率不断提高。扫描电子显微镜是用来观察样品表面微区形貌和结构的一种大型精密电子光学仪器。它是介于透射电子显微镜和光学显微镜(Optical Microscope,OM)之间的一种最为直接的材料结构分析手

段(表 2.3.1)。光学显微镜是建立在几何光学理论基础上的,而扫描电子显微镜则是建立在电子光学理论基础上的。相对于光学显微镜,扫描电子显微镜有诸多优点,例如焦深大、图像立体感强、放大倍数变动范围大(几倍到几十万倍)、连续可调、分辨率高、样品制备简单以及样品的辐照损伤和污染程度小等,是进行样品表面研究的有效分析工具。因此,扫描电子显微镜在材料科学、冶金、化工以及生物医学等行业均有着广泛的应用。

表 2.3.1　各类显微镜性能的比较

		OM	SEM	TEM
放大倍数		$1\sim2000$	$5\sim200000$	$100\sim800000$
分辨率	最高	$0.1\ \mu m$	$0.8\ nm$	$0.05\ nm$
	熟练操作	$0.2\ \mu m$	$6\ nm$	$1\ nm$
	一般操作	$5\ \mu m$	$10\sim50\ nm$	$10\ nm$
焦深		小,例如 $1\ \mu m$ (×100)	大,例如 $100\ \mu m$ (×100)	中等,例如比 SEM 小 10 倍
视场		中	大	小
操作维修		方便、简单	较方便、简单	较复杂
试样制备		金相表面技术	任何表面即可	薄膜或复膜技术
价格		低	高	高

随着纳米材料的出现,原有的钨灯丝扫描电子显微镜由于分辨率低,不能满足纳米材料分析检测的要求。之后,电子显微镜生产厂家推出了场发射扫描电子显微镜,使扫描电子显微镜的分辨率提高到了 0.8 nm。场发射扫描电子显微镜又分为冷场发射扫描电子显微镜和热场发射扫描电子显微镜,它们的共性是分辨率高。热场发射扫描电子显微镜的束流大且稳定,适合进行能谱分析,但维护成本和要求高;冷场发射扫描电子显微镜的束流小且不稳定,适合表面形貌观察,不适合能谱分析,相对而言维护成本和要求要低一些。

扫描电子显微镜的工作原理是由电子枪发射并经过聚焦的高能电子束在样品表面逐点扫描,与样品相互作用(其相互作用主要分为弹性散射和非弹性散射)产生各种物理信号,包括二次电子、背散射电子、透射电子、俄歇电子、特征 X 射线和连续 X 射线等,其中最为重要的就是二次电子。这些物理信号经检测器接收、放大、转换,最后在荧光屏上显示能够反映样品表面的图像信号或数字扫描图像信号。通常情况下,SEM 都与 X 射线能谱仪组合使用,利用 EDS 进行成分定性、定量分析。扫描电子显微镜主要收集二次电子和背散射电子用于成像。二次电子能量较低,只在样品表层产生,但其成像分辨率高,所以用它来获得纯表面形貌图像;背散射电子能量比较高,在样品中产生的深度可以达到 300 nm,也可以用来显示样品表面形貌,但它对样品表面形貌的变化不那么敏感,背散射电子产生的数量与元素的原子序数有关,通常用它来获得元素或相的分布像,此时样品要先抛光。

扫描电子显微镜的基本结构,可以分为 5 大部分:电子光学系统、信号检测放大系统、图像显示和记录系统、真空系统以及电源控制系统。其中最为复杂的部分就是电子光学系统,包括电子枪、电磁透镜、扫描线圈和样品台等,如图 2.3.1 所示。扫描电子显微镜中的电子枪与透射电子显微镜中的电子枪的功能十分类似,但其加速电压要低于透射电子显微镜的加速电压。电磁透镜在扫描电子显微镜当中仅起收缩电子束光斑的作用,并不起成像透镜的作用。通过电磁透镜,将电子枪发射出来的直径约为 50 mm 的电子束光斑收缩聚集成为一个只有几纳米大小的斑点。斑点越小,扫描电子显微镜的分辨率相应也就越高。通过调节扫描线圈的偏转磁场,可以控制电子束在样品表面做规则的扫动。样品室的主要部件是样品台,它不仅能够进行三维空间的移动,还能够倾斜和转动。除了样品台之外,样品室内还安装各种信号探测器以及多种附件。这些附件可以对样品进行加热、冷却或拉伸等。真空系统在扫描电镜当中也是必不可少的,为保证扫描电子显微镜光学系统能够正常工作,筒内的真空度一般要求维持在 $10^{-4} \sim 10^{-5}$ mmHg(1 mmHg = 133.3 Pa)。

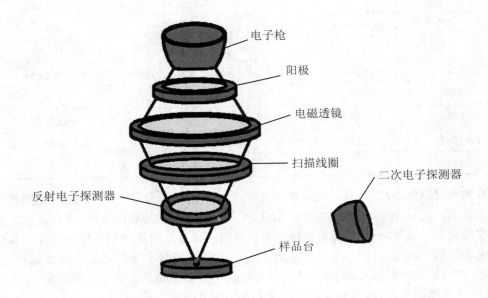

图 2.3.1　扫描电子显微镜的电子光学系统

扫描电子显微镜的放大倍数可以从几倍到几十万倍,这主要通过改变电子束的偏转角度来实现。同时,扫描电子显微镜的分辨率也相当高。此外,扫描电子显微镜还具有巨大的焦深,大致是光学显微镜的 300 倍,因此即便是复杂、粗糙的样品,使用扫描电子显微镜仍可以得到其表面清晰聚焦的图像。扫描电子显微镜图像的立体感强,这非常有利于纳米材料的观察和分析。但是荷电以及像散会对纳米材料成像有着较大的影响。荷电是指当样品不导电或导电不良时,样品会吸收电子而带负电,这就会产生一个静电场干扰。当入射电子与二次电子的数量不同时,样品就会因吸收或失掉电子而带电。荷电将导致二次电子发射受到不规则的影响,这会造成图像的一部分异常明亮而另一部分则变得更暗。静电场还会使电子束不规则地偏转,这会造成图像不规则地畸变或飘逸。带电样品也常常发生不规则放电,这会导致图像中出现不规则的亮点和亮线。为了得到高质量的纳米材料扫描电子显微镜图像,要避免荷电的影响。可以通过"喷金"或"喷碳"的手段提高样品的导电率,将吸收的电荷释放,从而减少荷电。对于非导电的样品,几乎都需要"喷金"或"喷碳",但这并不能完全消除荷电。还可以采用降低电压的方法,使入射电子数与二次电子数相等,从而避免电荷积累。也可以使用较快的速度进行观察和拍摄,在荷电产生影响之前,完成样品的观察。像散是由扫描电子显微镜的磁场轴向不对称而引起的一种相差。由于磁场不同方向对电子的折射并不相同,电子束经过透镜后其光斑将畸变成椭圆形,这使得原来的点在成像后变成两个分离且互相垂直的短线。消除像散是获得高分辨率图像的重要步骤。一般借助扫描电子显微镜物镜下装配的物镜消散器来最大限度地消除像散。

扫描电子显微镜具有 3 大功能:

(1) 表面形貌分析。扫描电子显微镜下样品的表面形貌是通过其二次电子信号成像衬度而显示的。在微观状态下,样品表面都是凹凸不平的。所以,样品上各点表面的法线与入射电子束间夹角也是不同的,其夹角越大,二次电子的产额越多,信号强度越高,图像亮度越强;反之,二次电子的产额越少,信号强度越低,图像亮度越弱。因此,根据图像衬度变化,便可以显示样品表面形貌。

(2) 元素种类及分布定性分析。样品表面元素种类及分布可通过接收样品表面背散射电子信号成像来实现。其原理如下:样品表层某点元素原子序数越大,所产生的背散射电子信号的强度越高,背散射电子像中相应的区域亮度较强;而样品表层某点元素原子序数较小,则其图像亮度较暗。因此,根据背散射成像中各区域亮度的强弱,便可定性地判定其元素的原子序数的相对大小,或各成分含量的相对差异。

(3) 元素成分定量分析。原理:元素不同,所产生的 X 射线能量强度也不相同。所以,通过 X 射线探测器检测到每一点的 X 射线能量强度,则可以确定其元素的化学成分和含量。

【实验仪器和材料】

1. 实验仪器

扫描电子显微镜、镊子、剪刀等。本实验采用的是日本日立的 Regulus 8220 型冷场发射扫描电子显微镜,如图 2.3.2 所示。

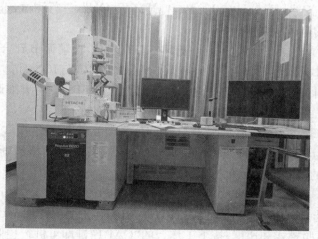

图 2.3.2　Regulus 8220 型冷场发射扫描电子显微镜实物图

2．实验材料

ZnO 纳米颗粒、无水乙醇、导电双面胶、脱脂棉等。

【实验内容和步骤】

1．实验前准备

打开循环水,打开软件进入系统,如果显示"Please Execute Flash",则进行"Flash"操作,记录此时的电流数值,确保电流数值处于 20～30 μA 范围。

2．上样

用导电双面胶将样品粘在样品台上,确保样品＋样品台的高度≤36 mm,使用高度规进行确认。对于不导电的样品,需要进行喷金处理。

3．装样

(1) 按下交换室的"AIR"键充入空气,等待仪器发出"嘀"的提示音,同时"AIR"键不再闪烁。

(2) 打开交换室舱门,旋转交换棒到"UNLOCK",将样品放入,旋转交换棒到"LOCK"。

(3) 关闭舱门,按下"EVAC"键抽空气,等待仪器发出"嘀"的提示音,同时"EVAC"键不再闪烁。

(4) 在软件界面按下"EXC"键,等待样品台移到舱门。

(5) 按下样品室的"OPEN"键,等待仪器发出"嘀"的提示音,同时"OPEN"键不再闪烁。

(6) 解锁交换棒,推动交换棒至底部,旋转交换棒到"UNLOCK",拔出交换棒,再次锁住交换棒。

(7) 按下样品室的"CLOSE"键,等待仪器发出"嘀"的提示音,同时"CLOSE"键不再闪烁。

(8) 在软件界面按下"HOME"键,让样品台移动到基准位置。

4．参数选择及观察

(1) 待样品室真空度小于 1.0×10^{-3} Pa,打开高压"ON",进行测试,选择合适的高压(一般为 10 kV)以及合适的电子束强度。

(2) 将图像调至清晰。在台式面板上按下"AUTO"键,自动调节到合适的明暗和对比度。通过轨迹球,可以寻找目标样品的位置。旋转"MAGNIFICATION"可以进行放大缩小等操作;旋转"FOCUS"进行聚焦操作,"COARS"用于粗调焦,"FINE"用于细调焦。按下台式面板的"SCAN SPEED 4"可以采用小窗口进行聚焦,返回全屏时按下"SCAN SPEED 1"即可。

(3) 高倍模式观察:需要在高倍下观察样品时,需要切换至高倍模式,按下"LOW MAG"键,使灯熄灭,屏幕上出现 SE 以及相关的放大倍数,再次将图像调至清晰;如果聚焦时出现像散,需要旋转面板上的"STIGMA X/Y"直到像散消除。

5．拍照保存

点击"SAVE",选择"OUTPUT"可以设置文件夹,保存拍照的图像至目标位置,可以设置样品拍照的编号以及拍照模式和速度;按下工作台的"CAPT"键即可进行拍照。

6．观察背散射电子图像

确保工作距离在 7～40 mm 范围,手动旋转"YAG-BSE"探头,并在软件选择模式为 YAG-

BSE 时进行观察,电压切换至 15～20 kV 后,将图像调至清晰。

7. 观察能谱操作

(1) 确保工作距离为 15 mm。

(2) 调节电压到 10～20 kV,如果此时显示需要 Flash,则要先关高压再进行 Flash,记录此时的电流读数。

(3) 观察 Aztec 软件上的输入速率、输出速率、Deadtime(重点关注,大概为 50% 时较好)。

(4) 将图像观察状态选择为 EDS-SEM。

(5) 选择处理模式,如点分析、线扫描、面分布;新建元素分析位置 NEW SITE;将元素识别为 AUTO 自动识别模式;选择分析位置,在"Setting"中设置参数;点分析为自动扫描,线和面为手动 START 和 STOP。

8. 结束操作,取出样品

(1) 按下能谱的"STOP"停止扫描。

(2) 关闭高压"OFF"。

(3) 在软件界面按下"EXC"键,等待样品台移动至舱门。

(4) 按下样品室的"OPEN"键,等待仪器发出"嘀"的提示音,同时"OPEN"键不再闪烁。

(5) 解锁交换棒,推动交换棒至底部,直到 SET 灯亮起。

(6) 旋转交换棒至"LOCK",拔出交换棒,再锁住交换棒。

(7) 按下样品室的"CLOSE"键,等待仪器发出"嘀"的提示音,同时"CLOSE"键不再闪烁。

(8) 按下交换室的"AIR"键,充入空气,等待仪器发出"嘀"的提示音,同时"AIR"键不再闪烁。

(9) 打开交换室,旋转交换棒至"UNLOCK",取出样品,关闭舱门。

(10) 按下"EVAC"键,等待仪器发出"嘀"的提示音,同时"EVAC"键不再闪烁。

【数据分析及处理】

对所拍摄样品在不同倍数下的照片进行形貌分析和成分分析,统计 ZnO 颗粒的尺寸,用画图软件(如 Origin)给出颗粒尺寸分布的直方图,计算出颗粒的平均粒径,并进行误差分析。

【实验注意事项】

(1) 制样过程中要戴手套,手不能直接接触小样品架及样品台,防止手上的油脂等杂质污染真空系统。

(2) 使用者不得更改计算机内的任何设定或私自加载任何软件,不得将样品台、小样品架等电镜室内的物品携出,SEM 实验室样品台要放在干净的培养皿中,不能直接放在桌子上或其他不洁净物体上面。

(3) 测试完后要进行登记,并打扫卫生,保持电镜室干净整洁。

【实验报告要求】

(1) 简述扫描电子显微镜的结构、工作原理。

(2) 简述扫描电子显微镜测试样品的基本操作步骤。

（3）测量给定样品的颗粒大小，画出尺寸分布直方图。

（4）描述用扫描电子显微镜所拍摄样品的主要形貌特征。

【思考题】

（1）电子束入射固体样品表面会激发哪些物理信号？扫描电子显微镜常用的信号有哪几个？样品表面形貌分析常用哪个信号？

（2）对于导电不良的样品，用扫描电子显微镜观察前，为什么要对其进行喷金处理？

（3）扫描电子显微镜为什么需要真空系统？

实验 4　透射电子显微镜的原理、结构及使用

透射电子显微镜把经加速和聚集的电子束投射到非常薄的样品上，电子与样品中的原子碰撞而改变方向，从而产生立体角散射。散射角的大小与样品的密度、厚度等相关，因此可以形成明暗不同的影像，影像在放大、聚焦后在成像器件（如荧光屏、胶片以及感光耦合组件）上显示出来。在光学显微镜下一般无法看清小于 0.2 μm 的细微结构，这些结构称为亚显微结构或超细结构。要想看清这些结构，就必须选择波长更短的光源，以提高显微镜的分辨率。1932 年，Ruska 发明了以电子束为光源的透射电子显微镜，电子束的波长比可见光和紫外光短得多，并且电子束的波长与发射电子束的电压平方根成反比，也就是说电压越高波长越短。目前 TEM 分辨率可达 0.05 nm。透射的电子束包含电子强度、相位以及周期性的信息，这些信息将被用于成像。

【实验目的】

（1）了解透射电子显微镜的基本结构。

（2）理解透射电子显微镜的成像原理。

（3）掌握透射电子显微镜的基本操作。

【实验原理】

1. 透射电子显微镜的构成

透射电子显微镜一般由电子光学系统、真空系统和电源与控制系统三大部分组成，其外观照片如图 2.4.1 所示。电子光学系统通常称为镜筒，是透射电子显微镜的核心，它又可以分为照明系统、成像系统、观察和记录系统。由图 2.4.2 中可以看出，透射电子显微镜中的电子光学系统主要包括电子枪、聚光镜、样品台、物镜、物镜光阑、选区光阑、中间镜、投影镜、荧光屏、照相机等几部分，其成像的光路与光学显微镜基本相同。在透射电子显微镜的电子光学系统中，一般将电子枪和聚光镜归为照明系统，将物镜、中间镜和投影镜归为成像系统，而观察和记录系统则一般包括荧光屏和照相机等，现在的透射电子显微镜往往还配有慢扫描 CCD（Charge Coupled Devices）相机，主要用来记录高分辨像和一般的电子显微像。

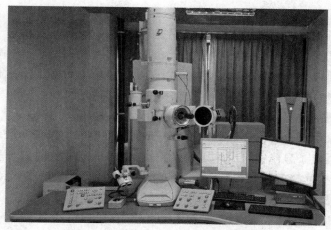

图 2.4.1　透射电子显微镜的外观照片

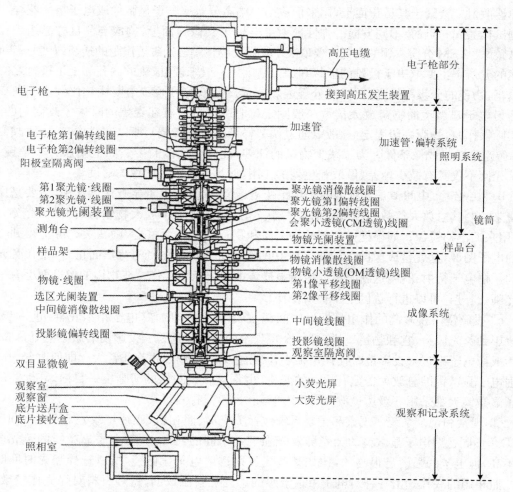

图 2.4.2　透射电子显微镜(JEM-2100)主体的断面图

（1）电子光学系统。

① 照明系统。照明系统主要由电子枪和聚光镜组成,电子枪是发射电子的照明光源,可分为热阴极电子枪和场发射电子枪。热阴极电子枪的材料主要有钨丝（W）和六硼化镧（LaB$_6$）,而场发射电子枪又可以分为热场发射、冷场发射和肖特基（Schottky）场发射电子枪,肖特基场发射有时也归为热场发射。场发射电子枪的材料必须是高强度材料,一般采用的是单晶钨,但现在有采用六硼化镧的趋势。

聚光镜用来会聚电子枪射出的电子束,以最小的损失照明样品,调节照明强度、孔径半角和束斑大小。一般透射电子显微镜至少采用双聚光镜,对于较新的透射电子显微镜,很多采用双聚光镜加一个 Mini 聚光镜的模式,甚至有采用三聚光镜加一个 Mini 聚光镜的情况。照明系统的作用是提供一束亮度高、照明孔径角小、平行度好、束流稳定的照明源。

② 成像系统。成像系统主要由物镜、中间镜和投影镜组成。

a. 物镜。物镜是 TEM 的最关键的部分,其作用是将来自测试样品不同点、同方向、同相位的弹性散射束会聚于其后焦面上,用来形成第一幅高分辨率电子显微像或电子衍射花样。将来自测试样品同一点的、不同方向的弹性散射束会聚于其像平面上,构成与测试样品组织相对应的显微像。TEM 分辨本领的高低主要取决于物镜。物镜是强励磁短焦距的透镜（$f = 1 \sim 3$ mm）,物镜的分辨率主要取决于极靴的形状和加工精度。一般来说,极靴的内孔和上下极靴之间的距离越小,物镜的分辨率越高,所以高分辨透射电子显微镜的可倾转角度往往比较小。现在高分辨透射电子显微镜的物镜放大倍数一般固定（如 50 倍）,只有在聚焦的时候才改变它的电流。在实际操作时,物距一般固定（一般可通过调节样品高度来微调）,所以在成像时,主要改变焦距 f 和像距来满足成像条件。为了减少物镜的球差,往往在物镜的后焦面上安放一个物镜光阑。物镜光阑不仅具有减少球差、像散和色差的作用,而且可以提高图像的衬度。

b. 中间镜。中间镜是弱励磁的长焦距变倍透镜,在透射电子显微镜操作中,主要是通过中间镜来控制其总放大倍数。当放大倍数大于 1 时,用来进一步放大物镜像;当放大倍数小于 1 时,用来缩小物镜像。如果把中间镜的物平面和物镜的像平面重合,则在荧光屏上得到一幅放大的电子图像,这就是成像操作。如果把中间镜的物平面和物镜的背焦面重合,则在荧光屏上得到一幅电子衍射花样,这就是透射电子显微镜的电子衍射操作。在物镜的像平面上有一个选区光阑,通过它可以进行选区电子衍射操作。

c. 投影镜。投影镜的作用是把经中间镜放大（或缩小）的像（电子衍射花样）进一步放大,并投影到荧光屏上,它和物镜一样,是一个短焦距的强励磁透镜。投影镜的激磁电流是固定的。因为成像电子束进入投影镜时孔径角很小,因此它的景深和焦距都非常大。即使改变中间镜使透射电子显微镜的总放大倍数有很大的变化,也不会影响图像的清晰度。目前,高性能的透射电子显微镜大都采用 5 级透镜放大,即中间镜和投影镜有两级。

③ 观察和记录系统。观察和记录系统包括荧光屏、照相机（底片记录）、TV 相机和慢扫描 CCD。不同透射电子显微镜的荧光屏发光强度是不同的,有的透射电子显微镜的荧光屏看起来不亮,但电子的强度是很高的,比如某些场发射透射电子显微镜,所以选择曝光时间时要注意。照相用的底片是由一种对电子束很敏感的感光材料制成的,这种材料对绿光比较敏感,对红光基本不反应,因此可以在红光下换片和洗底片。TV 相机可以直接将光信号转变为电信

号,反应速度极快,但不利于记录。如今观察和记录装置主要采用荧光屏和 CCD 相机。慢扫描 CCD 是最新发展出来的一种记录方式,反应速度较 TV 相机慢,但记录十分方便。不仅可应用于图像和电子衍射花样的采集,而且还可以对得到的数字图像进行存储、编辑,从而大大提高透射电子显微镜研究人员的工作效率。

（2）真空系统。真空系统由机械泵、油扩散泵、离子泵、真空测量仪表及真空管道组成。它的作用是排除镜筒内气体,使镜筒真空度在 10^{-5} Torr 以上,目前最好的真空度可以达到 $10^{-9} \sim 10^{-10}$ Torr。如果真空度低的话,电子与气体分子之间的碰撞引起散射而影响衬度,还会使电子栅极与阳极间高压电离导致极间放电,残余的气体还会腐蚀灯丝,污染样品。

（3）电源与控制系统。加速电压和透镜电流不稳定将会产生严重的色差及降低透射电子显微镜的分辨本领,所以加速电压和透镜电流的稳定度是衡量电镜性能好坏的一个重要标准。透射电子显微镜的电路主要由以下部分组成:高压直流电源、透镜励磁电源、偏转器线圈电源、电子枪灯丝加热电源以及真空系统控制电路、真空泵电源、照相驱动装置、自动曝光电路等。

2. 透射电子显微镜的工作原理

由电子枪发射出来的电子束,在真空通道中沿着镜体光轴穿越聚光镜,会聚成一束尖细、明亮而又均匀的光斑,照射在样品室内的样品上。透过样品后的电子束携带有样品内部的结构信息,样品内致密处透过的电子量少,稀疏处透过的电子量多。经过物镜的会聚调焦和初级放大后,电子束进入下级的中间镜和第 1、第 2 投影镜进行综合放大成像,最终被放大了的电子影像投射在观察室内的荧光屏上,荧光屏将电子影像转化为可见光影像或在 CCD 相机中成像。

【实验仪器和材料】

1. 实验仪器

JEM-2100(UHR)型透射电子显微镜。其实物图如图 2.4.1 所示。

2. 实验材料

透射电子显微镜样品(金属薄膜、粉末样品等)。

【实验内容和步骤】

（1）了解透射电子显微镜面板及操作台上各个按钮的位置和作用。检查其真空度、循环水、气压等参数是否正常。

（2）给液氮冷阱加液氮,待稳定后,加高压。

（3）装样品,预抽真空,加灯丝电流。

（4）照明系统合轴,成像系统合轴。

（5）通过轨迹球调节样品位置,调节放大倍数、焦距等参数至合适值,观察样品的形貌。

（6）结束工作顺序:将放大倍数调至 50000 倍,抽出物镜和选区光阑,样品回零,关闭电流,降电压,关闭显示器。

【实验注意事项】

（1）透射电子显微镜及其附属设备中有高压电、低温、高压气流以及电离辐射等危险因素,不正确的使用有可能造成仪器损坏或者人身伤亡。因此,一定要正确操作仪器,不要打开仪器的面板或试图接触没有经过培训的内容。

(2) 请勿用透射电子显微镜观察磁性样品,磁性样品有可能对透射电子显微镜造成严重伤害。

(3) 严禁用手触摸样品杆 0 圈至样品杆顶端的任何部位。

(4) 在下列情况下必须先关闭仪器:插入或拔出样品杆时、结束操作时、离开实验室或有任何意外情况发生时。

(5) 样品台红灯亮时不要插入或拔出样品杆。

(6) 插入或拔出样品杆之前必须确认样品台已回零。

(7) 任何机械操作都不能太用力(包括装卸样品、插拔样品杆、操作旋钮和按钮等)。

(8) 使用 CCD 相机拍照时,电子束一定要散开。

【实验报告要求】

(1) 简述透射电子显微镜的基本构造和成像原理。

(2) 以 JEM-2100(UHR)型透射电子显微镜为例,简述操作要点。

【思考题】

(1) 透射电子显微镜和扫描电子显微镜的不同点有哪些?

(2) 为什么透射电子显微镜图片没有颜色?

(3) 简要说明多晶(纳米晶体)、单晶及非晶衍射花样的特征。

实验 5　金相显微镜的原理、结构及使用

随着探索自然与改造自然科学事业的发展,人们迫切希望得到观察微观世界的工具。显微镜可将视觉延伸到肉眼无法看到的微观组织中去,因此其已日益成为各个领域的科学工作者不可缺少的工具之一。自显微镜问世后,人们才具备了对金属材料深入研究的条件。用金相显微镜将金属放大几百倍后,人们发现了金属的宏观性能与金相组织的密切关系,使得金相显微分析法成为非常基本、重要、应用广泛的研究方法之一。金相显微分析是研究金属和合金组织的主要方法之一,它可以研究金属组织与其化学成分的关系,确定各种金属经不同的加工与热处理后的显微组织,鉴别金属材料质量的优劣。

【实验目的】

(1) 了解金相显微镜的原理及构造。

(2) 掌握金相显微镜的使用方法。

(3) 学习利用金相显微镜观察金属试样的金相显微组织。

【实验原理】

1. 金相显微镜的基本原理

金相显微镜是由两个透镜组成的,对着金相试样的透镜称为物镜,对着眼睛的透镜称为目镜。借助于物镜与目镜的两次放大,它就能将物体放大到很高倍数,它的光学原理如图 2.5.1 所示。

当所观察的物体 AB 置于物镜前焦点外少许时,物体的反射光线穿过物镜经折射后,就得到一个放大了的倒立实像 $A'B'$。若 $A'B'$ 处于目镜的前焦距以内,再经过目镜放大,人眼在目镜上观察时,在 250 mm 明视距离处(正常人眼看物体时,最适宜的距离大约为 250 mm,这时人眼可以很好地区分物体的细微部分而不易疲劳,这个距离被称为"明视距离")看到一个经再次放大的倒立虚像 $A''B''$。所以,观察到的像是经物镜和目镜两次放大的结果。

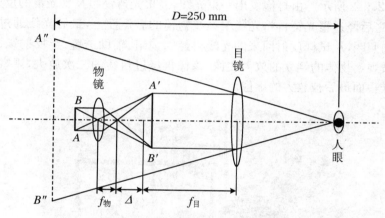

图 2.5.1　金相显微镜的放大原理光路图

由图 2.5.1 可以看出,物镜对物体起着放大作用,而目镜则是放大由物镜所得到的物像。光学显微镜的优劣,主要取决于以下两点:

(1) 显微镜的放大倍数。显微镜的放大倍数由下式来确定:

$$M = M_物 \cdot M_目 = \frac{L}{f_物} \cdot \frac{D}{f_目} \tag{2.5.1}$$

式中,M 为显微镜总放大倍数;$M_物$ 为物镜的放大倍数;$M_目$ 为目镜的放大倍数;$f_物$ 为物镜焦距;$f_目$ 为目镜焦距;L 为显微镜的光学镜筒长度;D 为明视距离(250 mm)。

由式(2.5.1)可知,显微镜的放大倍数就是物镜和目镜放大倍数的乘积。$f_物$,$f_目$ 越短或 L 越长,则显微镜的放大倍数越大,其主要放大倍数一般是通过物镜来保证的。放大倍数的符号用"×"表示,例如,物的放大倍数为 25×,目镜的放大倍数为 10×,则显微镜的放大倍数为 25×10＝250×。放大倍数均分别标注在物镜与目镜的镜筒上。

(2) 金相显微镜的分辨率。显微镜的分辨率是指它能清晰分辨物体相邻两点间最小距离 d 的能力。在普通光线下,人眼在明视距离处能分辨两点间最小距离为 0.15～0.30 mm,即人眼的分辨率 d 为 0.15～0.30 mm。显然,d 越小,分辨率就越高。分辨率是显微镜的一个重要

的性能,它可由下式求得:

$$d = \lambda/(2\mathrm{NA}) \tag{2.5.2}$$

式中,d 为物镜能分辨出的物体相邻两点间的最小距离,即分辨率;λ 为入射光线的波长;NA 为物镜的数值孔径,表示物镜的聚光能力。

由式(2.5.2)可知,显微镜分辨率取决于入射光线的波长和物镜的数值孔径,与目镜无关,光线的波长可以通过滤光片来选择。λ 越小时,d 就越小,也就是说,显微镜能分辨相距更近的两点,即物镜的分辨率越高,在显微镜中就能看到更细微的部分。同样地,当数值孔径越大时,d 也就越小。数值孔径 NA 表示物镜的聚光能力,数值孔径大的物镜的聚光能力强,能吸收更多的光线,使物像更加明显。

2. 金相显微镜的构造

金相显微镜的种类很多。现以国产的麦克奥迪 AE2000Met 卧式(倒置)金相显微镜为例加以说明,如图 2.5.2 所示。由灯泡发出一束光线,经聚光透镜组及反光镜的反射,将光线聚集在孔径光阑上,之后经过聚光镜再将光线聚集在物镜的后焦面上,最后光线通过物镜使试样表面得到充分均匀照明,从试样反射回来的光线再经物镜组、辅助透镜、半反射镜、辅助透镜及棱镜等形成一个被观察物体的倒立的放大实像,该像再经过目镜的二次放大,观察者就能在目镜视场中看到试样表面最后被放大的虚像。

图 2.5.2　麦克奥迪 AE2000Met 卧式金相显微镜

金相显微镜通常由光学系统、机械系统和照明系统三大部分组成,有的金相显微镜还附有摄影装置。图 2.5.3 为金相显微镜的示意图。

(1)光学系统。光学系统决定显微镜的放大能力(放大倍数)和放大质量(物像的清晰程度),包括物镜、目镜和各种棱镜。

目镜:放大倍数有 5×、10×、12.5×。

物镜:放大倍数有 10×、20×、40×、100×。

(2)机械系统。机械系统主要是底座、载物台、物镜转换器和调焦装置。

底座:支持整个显微镜体。

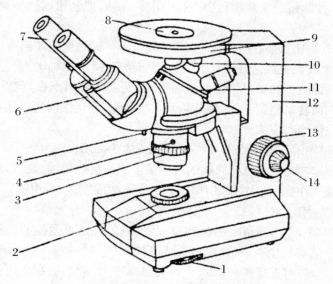

图 2.5.3　金相显微镜示意图

1. 电源开关；2. 孔径光阑；3. 视场光阑；4. 锁紧螺栓；5. 锁紧螺栓；
6. 目镜镜筒；7. 目镜；8. 试样；9. 载物台；10. 物镜；11. 物镜支座；
12. 支撑臂；13. 粗调手轮；14. 微调手轮

载物台：用于放置试样。

物镜转换器：用于更换不同倍数的物镜。

调焦装置：调节焦距用，一般显微镜分粗调和微调。

（3）照明系统。照明系统由光源、聚光透镜、孔径光阑、视场光阑和棱镜等组成。

光源：以 6 V、15 W 的低压灯泡作为光源，发出白色光。

聚光透镜：使从光源来的分散光线聚光集中。

孔径光阑：孔径光阑相当于照相机上的光圈，位置靠近光源，通过连续调节孔径光阑可以控制入射光束的粗细。当孔径光阑缩小时，进入物镜的光束变细，光线不通过物镜的边缘，成像清晰，可见孔径光阑对成像质量影响很大。使用时应适当调节，不能调节过大（或过小），以所观察到的物像最清晰时为宜。

视场光阑：视场光阑的主要作用是减少镜筒内部的反射与炫光。调节视场光阑能改变观察视场的大小。缩小视场光阑，观察到的视场也随之缩小，镜筒内的反射和炫光显著减弱，从而增加成像的衬度。

3. 金相显微镜的使用方法及注意事项

金相显微镜是一种精密的光学仪器，要谨慎使用。在初次操作金相显微镜之前，应熟悉其构造特点及主要部件的相互位置和作用，然后按照使用规程进行操作。

（1）金相显微镜使用步骤。

① 根据放大倍数选用所需的物镜和目镜，分别安装在物镜和目镜镜筒内，并使物镜转换器转至固定位置（由定位器定位）。

②转动载物台,使物镜位于载物台中心孔的中央,然后把金相试样的观察面朝下倒置在载物台上。

③将显微镜的电源插头插在变压器上,通过低压(6～8 V)变压器接通电源。

④将试样平稳地放在显微镜载物台上,使其平面与显微镜光轴垂直。然后移动载物台,选择试样上合适的组织部位。转动显微镜的粗调手轮,使载物台渐渐靠近物镜(不可以触碰到物镜),随后反向且单方向转动粗调手轮,调节焦距,当视场亮度增强时再改用微调手轮进行调节,直至将物像调整到最清晰程度为止。

⑤适当调节孔径光阑和视场光阑,以获得最佳质量的物像。

⑥如果使用油浸式物镜,则可在物镜的前透镜上滴一点松柏油,也可以将松柏油直接滴在试样的表面上。油镜头用完后,应立即用棉花沾二甲苯溶液擦净,再用镜头纸擦干。

(2)金相显微镜使用注意事项。

①金相试样要干净,不得残留有酒精和浸蚀液,以免腐蚀显微镜的镜头,更不能用手指去触摸镜头。当镜头中落有灰尘时,可以用镜头纸擦拭。

②照明灯泡插头,切勿直接插在220 V的电源插座上,应当插在变压器上,否则灯泡会立即烧坏,观察结束时要立即关闭电源。

③操作时要特别细心,不得有粗暴和剧烈的动作,光学系统不允许自行拆卸。

④在更换物镜或调焦时,要防止物镜受碰撞而损坏。

⑤在旋转粗调或微调手轮时,动作要缓慢,当碰到某种障碍时应立即停下来,并进行检查,不得用力强行转动,否则将会损坏部件。

【实验仪器和材料】

1. 实验仪器
金相显微镜。本实验使用麦克奥迪 AE2000Met 卧式金相显微镜,其实物图如图 2.5.2 所示。

2. 实验材料
纯铁金相试样。

【实验内容和步骤】

(1)听取实验指导教师对金相显微镜成像原理、构造及使用的详细讲解并掌握金相显微镜的使用步骤和注意事项。

(2)每人领取一个实验室制备好的纯铁金相试样,分别在指定的金相显微镜上进行观察,从中学会调焦、选用合适的孔径光阑和视场光阑、确定放大倍数、移动载物台的方法。

(3)选用不同的物镜、不同大小的孔径光阑和视场光阑,对试样的同一部分进行观察,分析影响分辨率的因素,并与实验室内陈列的分辨率与数值孔径、光阑之间关系的照片对照。

(4)拍照,采集金相显微组织图片。

【数据分析及处理】

(1)简要写出金相显微镜的主要操作步骤。

（2）按教师要求完成试样显微组织图的采集，并记录相关数据。

【实验注意事项】

（1）实验过程中，要严格按照教师要求操作。

（2）操作显微镜时，动作要轻缓。

【实验报告要求】

（1）将金相试样的金相显微组织图从电脑中复制到 U 盘中，然后打印出来，放在实验报告中。

（2）谈谈如何得到清晰的金相显微组织图。

【思考题】

（1）金相显微镜主要由哪些部分组成？

（2）使用金相显微镜观察试样时应注意什么？

实验 6　拉曼光谱仪的原理及应用

拉曼散射光的强度很低，一般只有入射光强度的 10^{-6}，很难被仪器捕获和收集到，这也是它早期发展缓慢的原因。直到 20 世纪 60 年代，激光的问世大大推动了拉曼光谱学的发展。激光由于具有单色性好、方向性好和强度高的优点，很适合作为拉曼光谱的激发光源。随着微弱信号检测技术和实验技术的不断涌现，拉曼光谱分析技术已广泛应用于物质的鉴定和分子结构的研究，可以提供样品化学结构、相和形态、结晶度以及分子相互作用的详细信息，并且具有操作简单、分辨率高、可重复性好且对样品无损伤的优点，在化学、物理学、生物学、医学等相关领域发挥着重要的作用。

【实验目的】

（1）了解拉曼光谱的原理和特点。

（2）了解激光共聚焦显微拉曼光谱仪的工作原理和基本构造。

（3）掌握激光共聚焦显微拉曼光谱仪的测试技术，学会利用拉曼光谱分析鉴定不同类型的碳材料。

【实验原理】

1928 年，印度物理学家 C. V. Raman 首次在 CCl_4 光谱中发现，当光与分子相互作用后，会产生不同于入射光波长的其他波长的散射光，他还发现了以他本人的名字命名的拉曼效应，并因此荣获了 1930 年诺贝尔物理学奖。20 世纪 60 年代以后，激光技术的发展，使得拉曼光谱技术发生了极大的变革，迅速发展了一种崭新光谱技术，即激光拉曼光谱技术。用激光替代汞灯作为拉曼实验光源,其灵敏度比常规光源拉曼光谱提高了 $10^4 \sim 10^7$ 倍,加之活性载体表面选择吸附分子对荧光发射的抑制,使分析的信噪比大大提高。当一束光照射到物质上时,由于光量子与物质分子发生碰撞,其部分改变方向发生散射,包括弹性散射和非弹性散射。拉曼效应实际上就是光在被分子或凝聚态物质散射后频率发生变化的现象,其本质原因是分子极化率的改变。当光子与分子发生弹性碰撞时,光子与分子之间没有能量交换,此时,散射光频率 ν_s 与入射光频率 ν_0 相同,这种频率未变的谱线称为瑞利线。当光子与分子发生非弹性碰撞时,光子能量和运动方向发生改变,此时散射光频率 ν_s 与入射光频率 ν_0 不同,其中 $\nu_s < \nu_0$ 的谱线称为斯托克斯线,$\nu_s > \nu_0$ 的谱线称为反斯托克斯线。这两种散射光的波长独立于入射光的波长,能够通过任意频率的入射光激发物质分子来获得。拉曼散射的经典描述如图 2.6.1 所示。

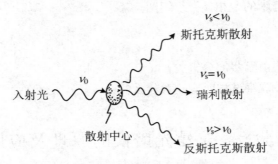

图 2.6.1　拉曼散射的经典描述

从原理上看,拉曼光谱与红外吸收光谱同属于分子振动光谱,当光照射在物质上时,如果光子的能量能够匹配不同振动能级的能量差,电子就会吸收能量由一个振动能级跃迁至另一振动能级,如从基态 E_0 跃迁至振动激发态 E_1。这部分能量通常较小,位于红外区间,也就是通常所说的红外吸收光谱。而光子的能量较大时,会使电子跃迁至一个不稳定的激发虚态,电子再从激发虚态重新回到能量较低的状态时,发出光子,此时会出现三种不同的情况:当电子重新回到被激发前的 E_0 能级时,所发出的光子能量不会发生变化,其波长保持与入射光的波长一致,属于瑞利散射(Rayleigh Scattering);而当电子从激发虚态回到另一较高能级 E_1 时,发出光子的能量会减少,呈现出发光波长红移的现象,人们把这一现象称为斯托克斯散射(Stokes Scattering);当电子的初始状态即为能量较高的 E_1 态,而电子被激发后回到了能量较低的 E_0 态时,发出光子的能量会增加,人们把此现象称为反斯托克斯散射(Anti-Stokes Scattering)。从原理图 2.6.2 中可以看出,斯托克斯散射和反斯托克斯散射所产生的光子能量变化是相同的,都等于 E_0 和 E_1 能级之间的能量差,在谱图上表现为具有相同的拉曼位移。一般情况下,斯托克斯散射的强度高于反斯托克斯散射的强度,这主要是由于电子的分布与温度有一定的关系。在常温条件下,绝大多数分子更倾向于能量较低的基态,处于激发态的分子数较少。斯托克斯散射的强度与反斯托克斯散射的强度之比反映了玻尔兹曼因子 $\exp\left(-\dfrac{h\nu}{k_B T}\right)$,式中,$h\nu$ 是振动量子的能量,k_B 为玻尔兹曼常数。在拉曼光谱测量中通常会选择测量强度更高的斯托克斯散射来反映物质的分子结构信息,而反斯托克斯散射的强度则可以用来与斯托克斯散射的强度做比以标定物质的实时温度。

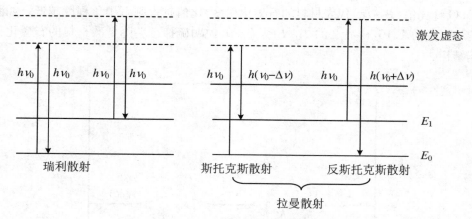

图 2.6.2 拉曼光谱的量子力学解释

拉曼散射的应用主要体现在三个方面：

（1）分子结构的研究。拉曼光谱是一种测量分子振动的光谱技术，拉曼位移的产生是基于分子振动。拉曼位移与分子的振动能级相对应，而不同的振动能级起源于不同方式的振动。化合物中的结构基团都有其特征的振动频率，据此，可以直接鉴定化合物的结构基团，判断化学键的性质及其变化。在许多化合物的拉曼谱上有长的全对称振动泛频系列，可以用来进行分子振动的非谐性研究。

（2）定量分析。依据拉曼谱线的强度与入射光的强度和样品分子的浓度的正比例关系，可以利用拉曼谱线来进行定量分析。

（3）表面增强拉曼散射。表面增强拉曼散射是一种高灵敏度的拉曼散射检测技术。当分子吸附在某种金属表面时，其散射截面比不吸附时增大好几个数量级，如当吡啶分子吸附于银电极表面时，其散射截面比常态吡啶分子增大了 5～6 个数量级。

拉曼光谱分析法是分析与入射光频率不同的散射光谱，从而得到分子振动、转动等方面的信息，并应用于分子结构研究的一种分析方法。拉曼光谱图的横坐标是拉曼位移，或称为拉曼频移，以波数来表示，$\Delta\nu = \nu_s - \nu_0$，若波长以厘米为计量单位，波数就是波长的倒数，纵坐标是相应的拉曼散射强度。拉曼位移等于入射光与散射光的频率差，它只取决于散射分子本身的结构，而与入射光的频率无关，对应于一种特定的分子键振动（单一的化学键或基团），所以拉曼谱可以作为分子振动能级的指纹光谱。与红外吸收光谱类似，拉曼光谱也反映了样品分子振动或转动能级和光子能量叠加的变化。不同分子的化学键或官能团存在特征的分子振动，包括单一的化学键或数个化学键组成的基团的振动，从而具有相应的特征拉曼位移，这为拉曼光谱定性分析分子结构提供了依据。不同于红外吸收光谱，拉曼光谱的入射光和散射光一般位于可见光区，因此二者可以相互补充，都是研究分子结构的有效手段。拉曼光谱图各拉曼峰的高度、宽度、面积、位置（拉曼位移）和形状都携带了物质的特征。通过拉曼位移可以确定物质的组成，由峰位变化可以确定分子应力，由峰宽可以确定晶体质量，由峰强度可以确定物质总量等。图 2.6.3 为金属铁负载多孔碳材料的拉曼光谱图，样品 1 的载体是有硫掺杂的多孔碳材料，样品 2 的载体是无硫掺杂的多孔碳材料。两个材料的拉曼光谱均呈现出明显的 D 峰和 G 峰，其中 D 峰和 G 峰比值（I_D/I_G）代表材料的石墨化程度，比值越大则石墨化程度越低。如图所示，样品 1 的 I_D/I_G 为 1.16，样品 2 的 I_D/I_G 为 0.90，说明硫掺杂会降低碳材料的石墨化程度，增加其缺陷结构。

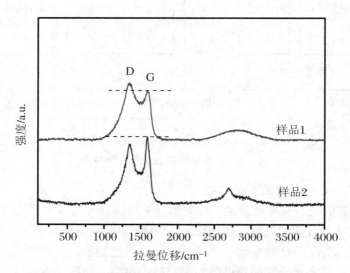

图 2.6.3　金属铁负载多孔碳材料的拉曼光谱图

激光共聚焦显微拉曼光谱仪一般由激光光源、样品室、分光系统、光电检测器和数据处理系统组成（图 2.6.4）。利用显微镜的亮场照明系统，人眼在目镜的焦平面上观察到待测样品的放大像后选择测试区域，然后在同一物镜下把激光引入扩束器，经显微物镜会聚到样品待测部位，激发产生拉曼散射光，然后会聚拉曼散射光，由狭缝送至分光计，分光成像后通过 CCD 检测器接收信号并在线分析，最终送入数据处理系统。它通过显微镜技术和实时图像反馈技术实现了

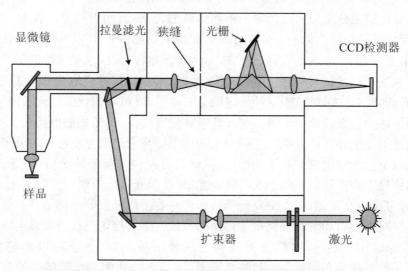

图 2.6.4　激光共聚焦显微拉曼光谱仪的结构示意图

样品光谱信息的快速收集和特征分布的微观分析,可逐点逐行逐层扫描样品,操作简单,分辨率高,稳定性好,适用于液体和固体样品。

激光光源配备有 532 nm 的 Nd-YAG 激光器、325 nm 的 He-Cd 激光器、633 nm 的 He-Ne 气体激光器和 785 nm 的半导体稳频单纵模激光器。可根据所测试的样品选择合适波长的激光器,利用 Edge 瑞利滤光片和干涉滤光片分别消除瑞利散射和等离子线的干扰。同时,可以调节激光的光斑大小和输出功率,以防止过高的能量损坏样品。样品测量时要用物理挡板遮盖,避免暴露于外部辐射源。不透明的固体样品可以直接测试,液体样品可滴加在玻璃片或硅片上直接测试,黑色和含水样品也可进行测试,测试条件不受高低温及高压的限制。

【实验仪器和材料】

1. 实验仪器

拉曼光谱仪。本实验采用 LabRAM Odyssey 高速高分辨显微共焦拉曼光谱仪,如图 2.6.5 所示。

图 2.6.5　LabRAM Odyssey 高速高分辨显微共焦拉曼光谱仪实物图

2. 实验材料

富勒烯和碳纳米管粉末。

【实验内容和步骤】

1. 开机步骤(先硬件后软件)

(1) 打开激光器。打开 532 nm 激光器的开关,然后旋转对应钥匙,对应指示灯先出现闪烁,然后显示长亮,表示已经成功打开激光器。其他激光器注意事项:325 nm 和 633 nm 激光器直接旋转钥匙即可打开,785 nm 激光器先旋转钥匙,而后按黑色按钮即可打开。

(2) 激光器需要预热 30 min 方可使用。

(3) 打开电脑和测试软件。

2．制样步骤

富勒烯和碳纳米管皆为不透明深色粉末，直接取适量样品放置于载玻片上，用称量纸将其覆盖，另取一个载玻片轻轻按压样品，使其平整，该步骤也可以防止样品通过静电作用吸附在显微镜上，避免实验误差和仪器受损。

3．具体测试步骤

（1）放置样品，保证灯光聚焦在样品上。

（2）通过测试软件打开摄像头。

（3）打开白光灯。

（4）首先利用低倍镜（10 倍）粗调，顺时针旋转直到屏幕中出现材料的物象。

（5）将低倍镜换成 50 倍镜，细调旋杆，待图像清晰后，关闭摄像头和白光灯。

（6）设置参数。波数设置为 $100\sim4000\ \mathrm{cm^{-1}}$，采集时间为 20 s，扫描次数为 2 次。当测试参数需要修改时，在修改后等待一段时间，待软件显示"Ready"，再进行下一项操作。

（7）点击测试按钮（圆按钮）。

（8）待测试完毕，将数据保存，需保存两种格式，即 L6s 格式和 txt 格式。

4．关闭激光器

（1）激光器的关闭顺序与打开的顺序相反。对于 532 nm 激光器，首先关闭对应钥匙，然后关闭该激光器的开关。

（2）激光器从打开到关闭这一时间段需要保持 1 h 以上。

（3）仪器和电脑以及房间空调均不需要关闭，只关闭激光器。

【数据分析及处理】

（1）将 txt 格式的数据导入 Origin 软件进行绘图。

（2）绘出测试样品的拉曼光谱图，并利用其分析鉴定不同类型的碳材料。

【实验注意事项】

（1）注意仪器的开、关机的顺序，激光器电源开、关机的顺序正好相反。

（2）激光器是有一定寿命的，不规范开或关激光器，会导致激光器寿命严重缩短。

（3）开 532 nm 激光器时，先开电源，风冷系统启动，再拧开激光器的钥匙。关激光器时，先把钥匙关闭，等待 5～10 min，待风冷系统的风扇停了以后，再关激光器的电源。

（4）积分时间越长，分辨率越高。

（5）785 nm 激光器由主机供电，开主机后，再开激光器。关闭时，先关激光器，再关主机，否则突然断电会损坏激光器的寿命。

（6）仪器显微镜平台的物镜是容易污染和损坏的部件，操作过程中不要将样品太靠近物镜，挥发性样品要密封。

（7）激光器关机尤其在关断冷却水后，一般不要重新开机。若遇特殊情况必须开机时，在确认前次断水时激光器是在得到充分冷却后才断水的，可以开机。开机步骤与正常开机相同。

（8）激光器若长时间不用，也应定期将激光器开启，并适当加大电流运行一段时间，以免激光器长时间放置,激光管气压增高造成损伤。

（9）不要在潮湿或者高温的环境下操作仪器,避开各类磁场的干扰,这样才能得到更高的检测精确度。

（10）激光器在正常运行中遇到突然断电或冷却水管道发生爆裂等情况,造成冷却水突然断水时,应立即关断激光器冷却水进水球阀,短时间内不要重新启动（避免短时间内供水恢复后,冷却水再次进入激光器,造成激光管损坏）。然后按正常关机步骤关闭激光器。24 h 后方可重新开机。

【实验报告要求】

（1）要记录所有实验参数,特别要标明狭缝的几何宽度和波长扫描范围。
（2）在谱图上把波长标度换成波数差标度,在各谱线峰尖处标出其波数差值。
（3）利用拉曼光谱分析鉴定不同类型的碳材料。

【思考题】

（1）拉曼效应产生的原理和特点是什么？
（2）试比较拉曼光谱和红外吸收光谱的异同。
（3）为什么斯托克斯谱线强度比反斯托克斯谱线强度高？
（4）碳的常见同素异形体有哪些？它们的特征拉曼位移分别是多少？

实验 7　红外吸收光谱测试

红外吸收光谱（Infrared Absorption Spectroscopy,IR）又称为分子振动或转动光谱,红外光谱仪具有扫描速率快、灵敏度高、重现性好、样品用量少等优点,在现代结构化学、分析化学、医学等领域均有着广泛的应用。红外吸收光谱在材料科学领域中的应用大体上可分为两个方面:分子结构的基础研究和化学组成的分析。如应用红外吸收光谱可以测定分子的键长、键角,以此推断出分子的立体构型。红外吸收光谱最广泛的应用在于对物质的化学组成进行分析。用红外光谱法可以根据光谱中吸收峰的位置和形状来推断未知物结构,依照特征吸收峰的强度来测定混合物中各组分的含量。另外,红外吸收光谱的适用范围相当广泛,不受样品状态的限制,无论固态、液态或气态都可以进行测定,也可以检测无机物和有机物,同时可对单一组分和多组分进行定量分析。

【实验目的】

（1）了解傅里叶变换红外光谱仪的基本构造和工作原理。
（2）掌握利用 KBr 压片法制备固体样品进行红外吸收光谱测定的技术。
（3）学会利用红外吸收光谱图来鉴别官能团和分析未知化合物的主要结构。

【实验原理】

红外光是频率介于微波与可见光之间的电磁波,波长在 $0.75\sim1000\,\mu m$ 范围。通常将红外吸收光谱分为三个区域:近红外区,波长在 $0.75\sim2.5\,\mu m$ 范围(波数为 $13330\sim4000\ cm^{-1}$);中红外区,波长在 $2.5\sim25\,\mu m$ 范围(波数为 $4000\sim400\ cm^{-1}$);远红外区,波长在 $25\sim1000\,\mu m$ 范围(波数为 $400\sim10\ cm^{-1}$)。其中中红外区是研究、应用最为广泛的区域,因为绝大多数有机物和无机物的基频吸收带都出现在中红外区,最适合利用红外吸收光谱进行定性和定量分析。中红外光谱仪也是最成熟和简单的,通常所说的红外吸收光谱即指中红外光谱。

分子在未受光照射之前,处于最低能级,称之为基态。将一束波长连续变化的红外光照射样品,当样品分子中某个基团的振动或转动频率和外界照射的红外光频率一致时,分子吸收红外辐射后引起偶极矩的净变化,发生振动和转动能级从基态到激发态的跃迁,相对应的这些区域的透射光强减弱。红外光照射分子时不足以引起分子中价电子能级的跃迁,而能引起分子振动能级和转动能级的跃迁,因此红外吸收光谱又称为分子振动或转动光谱。分子振动、转动能级不仅取决于分子的组成,也与其化学键、官能团的性质以及空间分布结构等密切相关,包括诱导效应、共轭效应、空间效应、氢键作用等。红外吸收光谱的产生应满足两个条件:① 照射分子的红外光的频率与分子某个基团的振动频率相同时,分子吸收能量产生跃迁,在红外吸收光谱图上出现相应的吸收带;② 分子振动时,必须伴随瞬时偶极矩的变化,这种振动活性称为红外活性的。

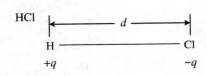

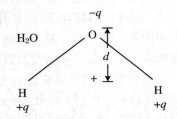

图 2.7.1　HCl 和 H_2O 的偶极矩

已知任何分子就其整个分子而言,是呈电中性的,但构成分子的各原子因价电子得失的难易不同,而表现出不同的电负性,因此分子显示不同的极性。通常可用分子的偶极矩 μ 来描述分子极性的大小。设正负电中心的电荷分别为 $+q$ 和 $-q$,正负电荷中心距离为 d(图 2.7.1),则

$$\mu = q \cdot d$$

由于分子内原子在平衡位置不断振动,在振动过程中 d 的瞬时值也不断地发生变化,因此分子的 μ 也发生相应改变,分子亦具有确定的偶极矩变化频率。对称分子正负电荷中心重叠,$d=0$,故分子中原子的振动并不引起 μ 的变化。样品吸收辐射的第二个条件,实质上是外界辐射迁移它的能量到分子中去。而这种能量的转移是通过偶极矩的变化来实现的,这可用图 2.7.2 来说明。当偶极子处在电磁辐射的电场中时,此电场做周期性反转,偶极子将经受交替的作用力而使偶极矩增加和减小。

由于偶极子具有一定的原有振动频率,显然,只有当辐射频率与偶极子频率相匹配时,分子才与辐射发生相互作用(振动耦合)而增加它的振动能,使振幅加大,即分子由原来的基态振动跃迁到较高的振动能级。可见,并非所有的振动都会产生红外吸收,只有发生偶极矩变化的振动才能引起可观测的红外吸收谱带,我们称这种振动活性为红外活性的,反之则称为非红外活性的。分子是否显示红外活性(产生红外吸收),与分子是否具有永久偶极矩无关,如 CO_2 分子。

同核双原子分子没有偶极矩,辐射不能引起共振,是非红外活性的,如 H_2 和 N_2 等。

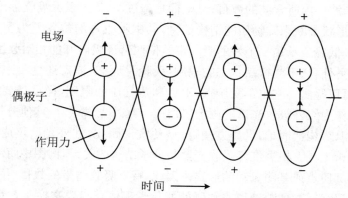

图 2.7.2　偶极子在交变电场中的作用示意图

可见,当一定频率的红外光照射分子时,如果分子中某个基团的振动频率和它一样,二者就会产生共振。此时光的能量通过分子偶极矩的变化而传递给分子,这个基团就吸收一定频率的红外光,产生振动跃迁;如果红外光的振动频率和分子中各基团的振动频率不符合,该部分的红外光就不会被吸收。因此,若用连续变化频率的红外光照射某样品,由于该样品对不同频率的红外光的吸收效果不同,通过样品后的红外光在一些波长范围内变弱(被吸收),在另一些波长范围内则较强(不吸收)。将分子吸收红外光的情况用仪器记录,就得到该样品的红外吸收光谱图,如图 2.7.3 所示。

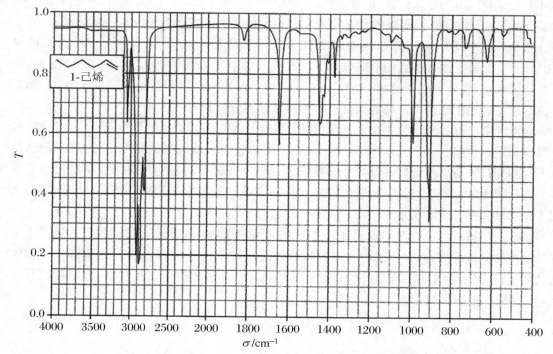

图 2.7.3　烯烃(1-己烯,$CH_3—(CH_2)_3—CH=CH_2$)的红外吸收光谱图

红外吸收光谱图的横坐标是波数(σ,4000～400 cm^{-1}),表示吸收峰的位置,波数是波长的倒数,表示单位厘米波长内所含波的数目;纵坐标是透过率(T),表示吸收强度。根据光谱中吸收峰的位置及峰的形状推断未知物质的结构信息,其中吸收峰的位置尤为重要。T下降,表明吸收得好,因此曲线低谷表示是一个好的吸收带。依照特征吸收峰的相对强度可以测定混合物中各组分的含量。另外,它不受样品状态的限制,无论是固态、液态还是气态都能直接测定,无机物、有机物也都可以检测。它也不受熔点、沸点和蒸气压的限制,样品需要量少且可回收,属于非破坏性分析。作为红外吸收光谱的测定仪器——红外光谱仪,与其他分析仪器如核磁共振波谱仪、质谱仪等相比,构造简单,操作方便,价格便宜。因此,红外光谱仪成为现代结构化学、分析化学常用的分析工具。根据红外吸收光谱与分子结构的关系,谱图中每一个特征吸收谱带都对应于某化合物的质点或基团振动的形式。因此,特征吸收谱带的数目、位置、形状及强度取决于分子中各基团(化学键)的振动形式和所处的化学环境。只要掌握了各种基团的振动频率(基团频率)及位移规律,即可利用基团振动频率与分子结构的关系,来确定吸收谱带的归属,确定分子中所含的基团或化学键,并进而由其特征振动频率的位移、谱带强度和形状的改变,来推断分子结构。

不同分子的化学键和官能团都有自己特定的振动频率、物理状态和化学环境,决定了红外吸收峰的位置、数目、强度和形状,据此可以对分子进行官能团定性分析、结构分析以及定量分析和纯度鉴定。各种基团在红外吸收光谱图的特定区域会出现对应的吸收带,其位置大致固定。常见化学基团在4000～600 cm^{-1}范围内(中红外)有特征基团频率,大致可分为四个区域:① 4000～2500 cm^{-1}为 X — H 的伸缩振动区(O — H、N — H、C — H、S — H 等);② 2500～2000 cm^{-1}为三键和累积双键的伸缩振动区(主要是 C≡C、C≡N、C = C = C 和 N = C = S 等);③ 2000～1550 cm^{-1}为双键的伸缩振动区(主要是 C = C 和 C = O 等);④ 1550～600 cm^{-1}主要是上述化学键的弯曲振动区以及 C — C、C — O 和 C — N 单键的伸缩振动区。在上述区域中,红外吸收光谱可分为基频区(4000～1300 cm^{-1})和指纹区(1800～600 cm^{-1})。具体的常见官能团红外特征峰的数据可参阅相关仪器分析教材。

傅里叶变换红外光谱仪主要由光源(硅碳棒、高压汞灯)、迈克耳孙干涉仪、样品室、检测器、计算机和记录仪组成。迈克耳孙干涉仪为核心部分,它将光源发出的红外光分成两束光后,再以不同的光程差重新组合以使其发生干涉现象。将含有样品信息的红外干涉图数据输送给计算机进行傅里叶变换后,最终得到样品的透过率-波数红外吸收光谱图。傅里叶变换红外光谱仪工作原理如图2.7.4所示。

测试时应排除样品中游离水的红外干扰,并避免对吸收池盐窗的侵蚀。同时应选择适当的样品浓度和测试厚度,确保光谱中大多数吸收峰的透过率位于15%～80%的范围内。固体样品的制备较简便,制样方法有压片法、糊剂法(样品与液体石蜡或全氟代烃混合成糊状)及薄膜法(主要用于聚合物的测定)。

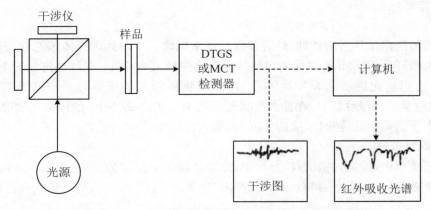

图 2.7.4　傅里叶变换红外光谱仪的工作原理示意图

【实验仪器和材料】

1. 实验仪器

傅里叶变换红外光谱仪、粉末压片机及配套压片模具、玛瑙研钵等。本实验采用的是FTIR Nicolet 6700 红外光谱仪，如图 2.7.5 所示。

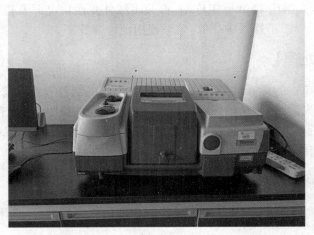

图 2.7.5　FTIR Nicolet 6700 红外光谱仪实物图

2. 实验材料

溴化钾、苯乙酸、无水乙醇。

【实验内容和步骤】

本次实验使用的是溴化钾压片法。

1. 开机

打开稳压电源，再打开红外光谱仪电源，仪器稳定 30 min，预热达到平衡后，再打开电脑，启动 Omnic 工作站。

2．制样

用无水乙醇洗涤压片所用器具,然后在红外灯下烘烤。干燥处理固体苯乙酸和溴化钾后,首先称取苯乙酸样品 1～2 mg,再加入 200 目的溴化钾粉末 200 mg,在红外灯照射下用玛瑙研钵研磨均匀,直到溴化钾粉末颗粒足够小(注意溴化钾粉末的干燥),一般研磨到粒度小于 2 μm;然后取适量装入压片模具,在抽真空状态下用油压机以 27 MPa 的压力压制 2 min;最后用镊子小心取下透明样品薄片(厚度约 1 mm),装入样品架。

3．设置采集条件

从"采集"菜单中,设定扫描次数、分辨率、背景处理等采集参数(扫描次数为 16 次,分辨率为 4 cm^{-1},扫描范围为 4000～400 cm^{-1})。点击"光学台"选项,检查红外干涉信号强度,观察仪器是否正常。

4．背景与样品红外吸收光谱的采集与处理

(1) 背景的采集:先做 KBr 空白薄片,把空白薄片放至样品架上,用"Col Bkg"采集背景。

(2) 样品数据的采集:把做好的含有适量样品的 KBr 薄片放至样品架上,用"Col Smp"采集样品的傅里叶变换红外吸收光谱图。

(3) 采集的光谱数据可保存为"＊.SPA"光谱文件或"＊.CSV"文本文件等,并通过"数据处理"菜单中的吸光度、透过率、自动基线校正对谱图进行基线调整处理。

(4) 结束实验时,先退出 Omnic 工作站,再关闭红外光谱仪电源及稳压电源,整理样品架,将压片模具擦洗干净,置于干燥器中存放,填写使用记录并签字。

【数据分析及处理】

用"谱图分析"菜单中的标峰、谱图检索等功能对样品的红外吸收光谱图进行数据解析。解析所得到的红外吸收光谱图,先从最强吸收谱带开始,确定样品中可能含有的基团或化学键,排除不可能含有的基团;再进一步验证指纹区的谱带,找出可能特征峰,确认其归属;最后与苯乙酸的标准谱图进行对比,判别其吻合程度。

【实验注意事项】

(1) 在用压片法制样时,一定要用镊子从模具中取出压好的薄片,而不能用手拿,以免弄脏薄片。

(2) 如果采用 KBr 等材料的稀释剂或样品池,液体样品不能含水。

(3) 红外吸收光谱不能用来分析单质、原子和单原子离子,如惰性气体、同质双原子分子和无机化合物的阳离子。

(4) 由重原子组成的官能团,其振动吸收峰位于低波数区,只能借助微波谱或远红外谱才能得到测定。

(5) 在红外吸收光谱定性分析中,无论是已知物的验证,还是未知物的鉴定,最后都要用纯物质的谱图来做校验。

【实验报告要求】

（1）简述红外吸收光谱的基本原理和产生条件。

（2）简述常见化学基团在中红外区的大致分区。

（3）简述红外吸收光谱图解析的一般过程。

（4）依据红外吸收光谱图，推定样品的分子结构。

【思考题】

（1）红外吸收光谱产生的两个必要条件是什么？

（2）特征吸收峰的数目、位置、形状和强度取决于哪两个主要因素？

（3）在固体红外吸收光谱测试时为什么选用溴化钾粉末混合样品压片？样品和溴化钾为什么要提前干燥？

（4）使用傅里叶变换红外光谱仪测试样品时，为什么要先测空白背景？

实验 8　荧光光谱的测定

某些物质吸收光子后，外层电子从基态跃迁到激发态，然后经辐射跃迁的方式返回较低能级或基态，发射出一定波长的光辐射的现象，即称为光致发光。光致发光按照延迟时间分为荧光和磷光两种，分别对应单重激发态、三重激发态的辐射跃迁过程。本实验为荧光光谱的测定。荧光光谱法灵敏度高，所需样品量少，测试操作简单，选择性好，因此在生物化学、分子生物学和环境分析等领域有广泛的应用。

【实验目的】

（1）了解荧光光谱仪的工作原理、基本构造和各组成部分的作用。

（2）掌握荧光激发光谱和发射光谱的基本概念和测定方法。

（3）学会利用特征荧光光谱法对物质进行定性和定量分析。

【实验原理】

原子外层电子吸收光子后，由基态跃迁到激发态，再回到较低能级或者基态时，发射出一定波长的光辐射，称为原子荧光。对于分子来说，类似过程所发射的光称为分子荧光，分子能级比原子能级复杂，平时所说的荧光通常指分子荧光。具有不饱和基团的基态分子经光辐射后，价电子从基态跃迁到激发态，电子处于激发态时是不稳定的，可通过辐射跃迁（发光）或无辐射跃迁等方式失去能量返回到较低能级或者基态，其中当电子从第一激发单重态 S_1 的最低振动能级回到基态 S_0 各振动能级所产生的光辐射，称为荧光。一旦停止入射光辐射，发光现象也随之立即消失。荧光产生的示意图如图 2.8.1 所示。相较于脂肪族化合物，芳香族及具有芳香结构的化合物，因存在共轭体系而更容易吸收光能，很多在紫外光激发下就能产生荧光。通常产生强荧光的有机化合物都具有刚性的平面结构、较大的共轭 π 键和给电子的取代基团。

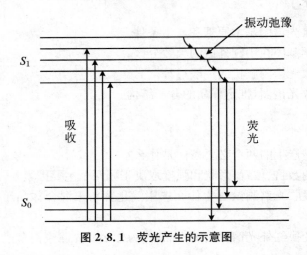

图 2.8.1　荧光产生的示意图

　　用稳态/瞬态荧光光谱仪对物质进行测量后,测得的结果以光谱图的形式呈现。通常情况下,荧光光谱都具有两个特征光谱,即激发光谱与发射光谱,如图 2.8.2 所示。

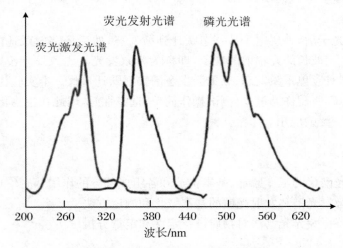

图 2.8.2　荧光光谱与磷光光谱示意图

　　激发光谱:固定荧光的发射波长(选取最大发射波长 λ_{em}),而不断改变激发波长,并记录相应的荧光强度,所得到的荧光强度对激发波长的谱图即为荧光激发光谱。横坐标为激发波长,纵坐标为荧光强度。激发光谱反映了不同激发波长下,引起物质发射某一波长荧光的相对效率。激发光谱曲线的最高处,处于激发态的分子最多、荧光强度最高,对应最大激发波长。获得方法:先把第二单色器的波长固定,使测定的 λ_{em} 不变,改变第一单色器波长,让不同波长的光照射在荧光物质上,测得它的荧光强度。

　　发射光谱:固定激发波长在最大激发波长处,然后对发射光谱扫描,测定各种波长下相应的荧光强度,以荧光强度为纵坐标,发射波长为横坐标,即得到荧光物质的发射光谱,即荧光发射光谱。发射光谱反映了荧光分子所发射的荧光中各种波长组分的相对强度。获得方法:先把第一单色器的波长固定,使激发的波长不变,改变第二单色器波长,让不同波长的光扫描,测定其发光强度。图 2.8.3 为典型的水溶性石墨烯量子点的荧光光谱,最大激发波长是 400 nm,最大发射波长是 497 nm。

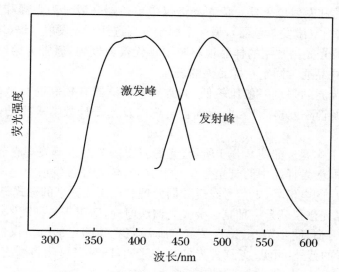

图 2.8.3　水溶性石墨烯量子点的荧光光谱

荧光光谱具有以下三个主要特点:

(1) 斯托克斯(Stokes)位移。激发光谱与发射光谱之间有波长差,发射光谱波长比激发光谱波长长,振动弛豫消耗了能量。

(2) 发射光谱的形状与激发波长无关。电子跃迁到不同激发态能级,吸收不同波长的能量,产生不同吸收带,但均回到第一激发单重态的最低振动能级再跃迁回到基态,产生波长一定的荧光。

(3) 镜像规则。通常荧光发射光谱与它的吸收光谱成镜像对称关系。

荧光光谱分析是以物质的荧光光谱的形状和荧光峰对应的波长进行定性分析。不同结构荧光物质都有特征的激发光谱和发射光谱,因此可以将荧光物质的激发光谱与发射光谱的形状、峰位与标准溶液的光谱图进行比较,从而达到定性分析的目的。以荧光分子所发射的荧光强度和浓度之间的线性关系(极稀溶液中)为依据可以进行定量分析。当一束强度为 I_0 的入射光,照射到含有荧光物质的液槽时,产生荧光,当荧光效率、入射光强度 I_0 下物质的摩尔吸光系数和液层厚度均固定不变时,该溶液的荧光强度与荧光物质的浓度成正比:

$$F = Kc$$

其中,F 为荧光强度;c 为荧光物质浓度;K 为比例系数。这就是荧光光谱定量分析的依据。这一线性关系仅在溶液浓度很低(吸光度低于 0.05)时成立,高浓度下荧光分子的自猝灭、自吸收等因素导致此关系不成立。

荧光光谱仪,又称为荧光分光光度计,是测量荧光的基本设备,主要由以下部分构成:

(1) 光源。由于荧光样品的荧光强度与激发光的强度成正比,因此理想的激发光源应具备足够的强度、在所需光谱范围内有连续的光谱、其强度与波长无关,即光源输出的应是连续、平滑、等强度的辐射且具有稳定的光强。符合这些要求的光源实际上并不存在,可作为激发光源的主要有氙灯、汞灯以及激光器。高压氙弧灯由于能发射出强度较高的连续光谱,且在 300～400 nm 范围内强度几乎相等,是荧光光谱仪中应用最为广泛的一种光源。

(2) 激发单色器和发射单色器。荧光光谱仪中单色器一般分为光栅和滤光片,需要两个,一个用于选择激发波长(激发单色器),另一个用于分离选择荧光发射光谱(发射单色器)。

(3) 样品池。荧光光谱常用的样品池材料要求无荧光发射,通常为熔融石英,样品池四壁均光洁透明。固体样品通常固定在样品夹的表面。

(4) 检测器。荧光的强度一般比较低,通常要求检测器有较高的灵敏度。一般采用光电倍增管(PMT),二极管阵列检测器、电荷耦合装置以及光子计数器等高功能检测器也已得到应用。

荧光光谱仪的工作原理如图 2.8.4 所示,光源发出的光经过激发单色器分光后,变成单色光,照射到样品池中,激发样品中的荧光分子产生荧光,荧光经过发射单色器后,被光电倍增管所接收并转换成相应的电信号,电信号经过数据处理后以图或数字的形式显示和记录下来。常见的稳态/瞬态荧光光谱仪就是一种基于荧光光谱法原理,适用于各种固体、液体样品的激发光谱、发射光谱、荧光寿命、同步荧光、偏振荧光和低温荧光等测定的分析仪器,既可以检测覆盖200～1700 nm 波段的紫外-可见-近红外光的稳态光谱,同时又可测得瞬态光谱。本次实验测试的是固体粉末样品。

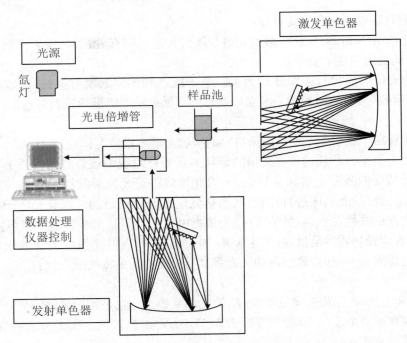

图 2.8.4　荧光光谱仪的工作原理示意图

【实验仪器和材料】

1. 实验仪器

荧光光谱仪、比色皿。本实验采用的是英国爱丁堡的 FLS 920 稳态/瞬态荧光光谱仪,如图 2.8.5 所示。

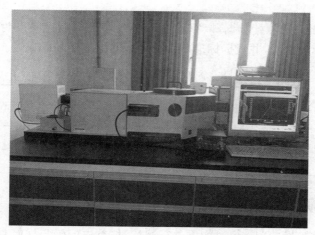

图 2.8.5　FLS 920 稳态/瞬态荧光光谱仪

2. 实验材料

罗丹明 B 标准样品、去离子水等。

【实验内容和步骤】

(1) 先打开电脑,再打开荧光光谱仪的电源开关,约 5 s 后,主机右上方绿色氙灯指示灯点亮,表示氙灯已经启辉。双击桌面上"F900"图标,进入工作站。

(2) 罗丹明 B 标准溶液配制:称取 5 mg 罗丹明 B 标准样品后溶于少量的去离子水中,再转移至 500 mL 容量瓶内摇匀定容。分别取 0.5 mL、1 mL、2 mL、3 mL、4 mL、5 mL 上述罗丹明 B 储备溶液(0.01 mg/mL)定容于 100 mL 容量瓶中,得到等梯度浓度的溶液,备用。

(3) 设置狭缝宽度为 5 nm,扫描速率为 240 nm/min,电压为 700 V。将浓度为 0.00005 mg/mL 的罗丹明 B 样品溶液移入比色皿中,再置于样品池。先固定激发波长为 550 nm,在 400~700 nm 波长范围内扫描发射光谱,测定其荧光强度,获得最大发射波长 λ_{em};再固定发射波长为最大发射波长 λ_{em},在 300~600 nm 波长范围内扫描激发光谱,测定其荧光强度,获得最大激发波长 λ_{ex}。

(4) 将激发波长固定在 λ_{ex} 处(554 nm 附近),荧光发射波长固定在 λ_{em}(570 nm 附近)处,测定上述配制好的一系列等梯度浓度的罗丹明 B 标准溶液的荧光发射强度,做好记录,保存数据。

(5) 任意配制一未知浓度的罗丹明 B 样品溶液,重复步骤(4),扫描其荧光发射强度并保存数据。

（6）实验结束后，使用仪器操作软件退出操作系统并关闭氙灯，保持主机通电 10 min 以上，再关闭主机电源开关，确保灯室可以充分散热。

【数据分析及处理】

（1）以荧光强度为纵坐标，波长为横坐标，绘制 0.00005 mg/mL 的罗丹明 B 样品溶液的激发光谱和发射光谱。

（2）根据表 2.8.1 记录原始数据，以罗丹明 B 标准溶液的荧光强度为纵坐标，标准溶液的浓度为横坐标，绘制标准曲线，并根据标准曲线计算未知浓度样品的含量。

表 2.8.1　实验数据记录表

罗丹明 B 标准溶液	溶液 1	溶液 2	溶液 3	溶液 4	溶液 5	溶液 6	溶液 7 （未知溶液）
浓度/(mg/mL)							
荧光强度							

【实验注意事项】

（1）使用稳态/瞬态荧光光谱仪对物质进行测量时，首先应确定样品具有荧光性能，即样品在光激励下能发光，否则荧光测试没有意义。

（2）仪器工作时，氙灯灯光很强，其射线会损伤视网膜，紫外线会损伤眼角膜，因此工作时应避免直视光源。

（3）对于变温下测试，不接受易挥发和易腐蚀的样品，如果高温下有危害性需提前告知仪器操作者。

【实验报告要求】

（1）简述如何产生荧光以及荧光光谱仪的工作原理和基本结构。

（2）简述激发光谱和发射光谱的概念以及如何测量获得。

（3）根据绘制的荧光光谱图，对样品进行定性分析和定量分析，并总结实验结果。

【思考题】

（1）分子产生荧光需要满足什么条件？

（2）与紫外-可见吸收光谱法相比，为什么分子荧光光谱法的灵敏度通常更高，选择性也更好？

（3）影响荧光定量分析准确性的因素有哪些？在实验中应注意哪些问题？

实验 9　比表面积测定实验

BET 方程(Brunauer-Emmett-Teller Equation)即由经典统计理论导出的多分子层吸附公式,是现代颗粒表面吸附科学的理论基础,并广泛应用于颗粒表面吸附性能研究及相关检测仪器的数据处理中。BET 比表面积测试可用于测颗粒的比表面积、孔体积、孔径分布以及氮气吸附脱附曲线,对于研究颗粒的性质有重要作用,无论是对科研还是对工业生产都具有十分重要的意义。

【实验目的】

(1) 理解氮气吸附脱附测定固体 BET 比表面积的原理。
(2) 掌握固体粉末的 BET 比表面积测定方法。
(3) 学会通过氮气吸附脱附曲线分析多孔碳的孔隙结构。

【实验原理】

比表面积 S(Specific Surface Area, m^2/g)是指单位质量的粉体所具有的表面积总和,比表面积是粉体的基本物性之一。固体有一定的几何外形,借助通常的仪器和计算方法可求得其表面积。但粉体或多孔结构物质表面积的测定较困难,它们不仅具有不规则的外表面,还有复杂的内表面。比表面积测试方法可按两种方式分类:一是根据测定样品吸附气体量多少的不同,可分为连续流动法、容量法及重量法(重量法现在很少采用);另一种是根据计算比表面积理论方法的不同,可分为直接对比法、Langmuir 法和 BET 法等。直接对比法只能采用连续流动法来测定吸附气体量,而 BET 法既可以采用连续流动法,也可以采用容量法来测定吸附气体量。

BET 法因以著名的 BET 理论为基础而得名。BET 是 3 位科学家 Brunauer, Emmett 和 Teller 的姓氏的首字母缩写,他们从经典统计理论推导出了多分子层吸附公式,即著名的 BET 方程。推导 BET 方程所采用的模型的基本假设是:① 固体表面是均匀的,发生多层吸附;② 除第一层的吸附热外其余各层的吸附热等于吸附质的液化热。有从热力学角度和从动力学角度两种推导方法,它们均以此假设为基础。BET 理论最大的优势是考虑到了由样品吸附能力不同带来的吸附层数之间的差异,这是与以往直接对比法最大的区别,BET 公式是现行中应用最广泛、测试结果可靠性最强的方法,国内外的相关标准几乎是依据 BET 方程建立起来的。

BET 法测定比表面积的具体过程如下:以氮气为吸附质,以氦气或氢气作载气,两种气体按一定比例混合,达到指定的相对压力,然后流过固体物质。当样品管放入液氮保温时,样品即对混合气体中的氮气进行物理吸附,而载气则不被吸附,这时屏幕上即出现吸附峰。当液氮被取走时,样品管重新处于室温,吸附的氮气就脱附出来,在屏幕上即出现脱附峰。最后在混合气体中注入已知体积的纯氮气,得到一个校正峰。根据校正峰和脱附峰的峰面积,即可计算在该相对压力下样品的吸附量。改变氮气和载气的混合比,可以测出几个氮气相对压力下的吸附量,从而可根据 BET 公式计算比表面积。

　　3 位科学家从经典统计理论推导出了多分子层吸附公式,即著名的 BET 方程:

$$\frac{P}{V(P_0 - P)} = \frac{C - 1}{V_m C} \times \frac{P}{P_0} + \frac{1}{V_m C} \qquad (2.9.1)$$

式中,P 是吸附质分压;P_0 是吸附剂(液氮)的饱和蒸气压;V 是待测样品所吸附气体的总体积,单位是 mL;V_m 是待测样品表面形成单分子层所需要的 N_2 体积,单位是 mL;C 是与样品吸附能力有关的常数。而 $V =$ 标定气体体积 × 待测样品峰面积/标定气体峰面积。要将标定气体体积经过温度和压力的校正转换成标准状况下的体积。

　　以 $P/[V(P_0 - P)]$ 对 P/P_0 作图,得到一条直线,其斜率为 $K = (C - 1)/(V_m C)$,截距为 $B = 1/(V_m C)$,由此得到

$$V_m = \frac{1}{K + B} \qquad (2.9.2)$$

　　若已知每个被吸附气体分子的截面积,则可求出被测样品的比表面积,即

$$S_g = \frac{V_m N_A A_m}{22400 W} \qquad (2.9.3)$$

式中,S_g 为被测样品的比表面积,单位为 m^2/g;N_A 是阿伏伽德罗常数,等于 $6.022 \times 10^{23}\ mol^{-1}$;$A_m$ 是被吸附气体分子的截面积,其值为 $16.2 \times 10^{-20}\ m^2$;$W$ 是被测样品的质量,单位为 g。对于低温氮吸附法,氮气作为吸附质,BET 方程成立的条件是氮气相对压力范围为 $0.05 \sim 0.35$。其原因是基于上述的两个假设,在相对压力小于 0.05 时,压力太小建立不起多分子层吸附的平衡,甚至连单分子层物理吸附也还未完全形成,此时一般采用朗谬尔单分子层吸附假设进行研究。而在相对压力大于 0.35 时,孔结构使毛细凝聚的影响突显,定量性及线性变差,因而破坏了吸附平衡,此时一般采用开尔文假设进行研究。

　　BET 比表面积测试多采用氮气吸附脱附表征法,其表现形式是氮气吸附平衡等温线。吸附平衡等温线的形状、强度与材料的孔组织结构有密切关系。一般比表面积大、活性大的多孔物质,吸附能力强。根据国际纯粹与应用化学联合会(IUPAC)分类,孔分 3 种:尺寸小于 2 nm 的叫微孔(Micropores);尺寸大于 50 nm 的叫大孔(Macropores);介于 2 nm 和 50 nm 之间的叫中孔或者介孔(Mesopores)。吸附平衡等温线可分为 6 种不同类型(Ⅰ,Ⅱ,Ⅲ,Ⅳ,Ⅴ,Ⅵ),如图 2.9.1 所示。

　　Ⅰ 型等温线在较低的相对压力下吸附量迅速上升,达到一定相对压力后吸附出现饱和值,类似于 Langmuir 型吸附等温线。一般,Ⅰ 型等温线反映的是微孔吸附剂(分子筛、微孔活性炭)上的微孔填充现象,饱和吸附值等于微孔的填充体积。

　　Ⅱ 型等温线反映非孔性或者大孔吸附剂上典型的物理吸附过程,这是 BET 公式最常说明的对象。由于吸附质与表面存在较强的相互作用,在较低的相对压力下吸附量迅速上升,曲线上凸。等温线拐点通常出现在单层吸附附近,随相对压力的继续增加,多层吸附逐步形成,达到饱和蒸气压时,吸附层无穷多,导致实验难以测定准确的极限平衡吸附值。

　　Ⅲ 型等温线十分少见。等温线下凹,且没有拐点。吸附气体量随相对压力增加而上升。曲

线下凹是因为吸附质分子间的相互作用比吸附质与吸附剂之间的强,第一层的吸附热比吸附质的液化热小,以致吸附初期吸附质较难吸附,而随吸附过程的进行,吸附出现自加速现象,吸附层数也不受限制。BET 公式 C 值小于 2 时,可以描述Ⅲ型等温线。

　　Ⅳ型等温线与Ⅱ型等温线类似,但曲线后一段再次凸起,且中间段可能出现吸附回滞环,其对应的是多孔吸附剂出现毛细凝聚的体系。在中等的相对压力,由于毛细凝聚的发生Ⅳ型等温线较Ⅱ型等温线上升得更快。中孔毛细凝聚填满后,如果吸附剂还有大孔径的孔或者吸附质分子相互作用强,可能继续吸附形成多分子层,吸附等温线继续上升。但在大多数情况下毛细凝聚结束后,出现一吸附终止平台,并不发生进一步的多分子层吸附。

　　Ⅴ型等温线与Ⅲ型等温线类似,但达到饱和蒸气压时吸附层数有限,吸附量趋于一极限值。同时由于毛细凝聚发生,在中等的相对压力下等温线上升较快,并伴有回滞环。

　　Ⅵ型等温线是一种特殊类型的等温线,反映的是无孔均匀固体表面多层吸附的结果(如洁净的金属或石墨表面)。实际固体表面大多是不均匀的,因此很难遇到这种情况。

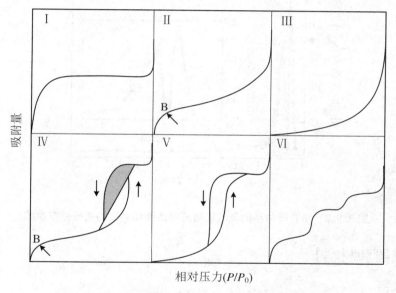

图 2.9.1　吸附平衡等温线的 6 种不同类型

　　在实际测试过程中,通常测定样品在不同气体分压下的多层吸附量 V,以 P/P_0 为横轴,恒温条件下吸附质在吸附剂上的吸附量为纵轴,由 BET 方程作图进行线性拟合,得到直线的斜率和截距,从而求得 V_m,计算出被测样品比表面积(图 2.9.2)。理论和实践表明,当 P/P_0 取在 0.05~0.35 范围内时,BET 方程与实际吸附过程相吻合,图形线性也很好,因此实际测试过程中要在此范围内选点。由于选取了 3~5 组 P/P_0 进行测定,故通常称之为多点 BET 法。当被测样品的吸附能力很强,即 C 值很大时,直线的截距接近于零,可近似认为直线通过原点,此时可只测定一组 P/P_0 数据,将其与原点相连求出比表面积,称之为单点 BET 法。与多点 BET 法相比,单点 BET 法测试结果误差会大一些。

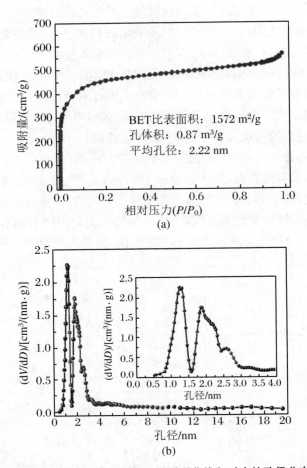

图 2.9.2　多孔碳材料的氮气吸附脱附曲线和对应的孔径分布曲线

【实验仪器和材料】

1. 实验仪器

比表面积测定仪、鼓风干燥箱。本实验使用的是美国麦克的 ASAP 2460 型比表面积与孔隙度分析仪(图 2.9.3)。

2. 实验材料

多孔碳材料、高纯氮气、去离子水、称量纸、乙醇等。

【实验内容和步骤】

1. 开机

依次打开电脑,真空泵,分析仪主机,双击"ASAP 2460"图标进入软件操作界面。然后打开气瓶,将压力调至 0.1~0.15 MPa,切勿超过 0.2 MPa。

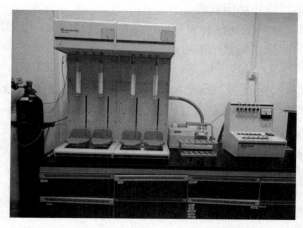

图 2.9.3　ASAP 2460 型比表面积与孔隙度分析仪

2. 称量和脱气

（1）前期处理样品。将样品放在鼓风干燥箱中于 80 ℃下烘干 10 h。样品冷却至室温后，等待称量。

（2）称量空样品管、填充棒和塞子的总质量，要选用精确度良好、稳定性好的天平，精确度至少为 0.1 mg，用称量纸称量样品质量，将所称量样品装入已称重的空样品管中（避免样品粘在管壁上）。

（3）将样品管安装到脱气站 061 口，将旋钮拧到 VAC 位置，拧松流量调节阀，设置好加热温度，进行脱气处理。待处理时间（约 8 h）到达后，将其移到"Colling"区域，温度降到室温，然后打开样品管上的螺母，拧旋钮到"Gas"位置进行回填气，回填完后，称量样品、样品管、填充棒和塞子的总质量。

3. 软件操作程序设定

点击"File"→"Open Sample File"→"OK"（新建一个文件）→"Yes"→"Replace All"，根据实验需要选择相应的模板或文件，双击列表中的文件名进行替换。在"Sample Information"中依次输入详细的样品名、操作者、样品提交者以及空管质量和空管加样品质量，最后点击"Save"→"Close"。

4. 样品分析

将样品管装到分析站，放上盛有液氮的杜瓦瓶，等待分析。在"Unit 1"菜单中，选择 4 种分析方式中的一种进行分析。4 种分析方式如下：

（1）"Start Analysis"可以对每一个分口分别开始分析，在未来的分析中可以添加闲置的分析口进行分析，只适合介孔分布和比表面积分析。

（2）"Start Krypton Analysis"可以对若干个分析口同时开始低比表面积分析，在未来的分析中不可以添加闲置的分析口。

（3）"Start High Throughput Analysis"可以对若干个分析口同时开始分布和比表面积分析，在未来的分析中不可以添加闲置的分析口。

（4）"Start Micropore Analysis"可以对若干个分析口同时开始微孔、介孔分布和比表面积分析,在未来的分析中不可以添加闲置的分析口。

点击"Browse"选择要分析的文件和对应的样品所安装的口,点击"OK"。点击"Start"进行分析,数据被采集并输出图形。测试结束后点击"Close"。

5. 报告查看

从"Report"菜单选择产生报告"Start Report"。选择要打开的样品文件,点击"Report",在目的地"Destination"栏目下,选择输出目的地。如果选择文件"Preview"为目的地,可以输出报告至屏幕;如果选择文件"Printer"为目的地,可以打印输出报告;如果选择文件"File"为目的地,可以输出文件,在文件类型中可以选择输出 txt、xls 等类型文件。选择文件名称,点击"OK"。

6. 关机

测试结束,保存数据。取下样品管,关闭分子泵、仪器以及电脑。

【数据分析及处理】

以 P/P_0 为横轴,恒温条件下的吸附量为纵轴,绘制吸附脱附曲线。从仪器分析软件中拟合所测样品 BET 比表面积、孔体积和平均孔径等结果。

【实验注意事项】

(1) 用称量纸称量样品质量,样品量根据样品材料比表面积的预期值进行确定。比表面越大,样品量越少。参考值:BET 比表面积为 200 m^2/g 时,样品量为 0.2 g,一般情况下我们分析比表面积或介孔孔径分布时为 0.1~0.5 g,分析微孔时为 100 mg。

(2) 气瓶的出口压力设定为 0.1 MPa,气瓶上的气体管线要定期(一周)检漏。在仪器长期(超过一周)不用时,关闭气瓶。

(3) 开始加液氮时要慢。不用时,盖上杜瓦瓶上保护盖。如果长期不用,要用水清洗杜瓦瓶内部并晾干。

(4) 仪器在闲置时,分析口和脱气口要安装上堵头进行封堵,工作区要保持清洁,实验室温度为 15~35 ℃,湿度为 20%~80%。

(5) 在脱气站或分析站拧紧样品管时,要用手拧至尽量紧,以免漏气影响实验。

【实验报告要求】

(1) 简述 BET 法测定比表面积的具体方法。

(2) 描绘出吸附平衡等温线的 6 种不同类型曲线,并简述其特点。

(3) 通过氮气吸附脱附曲线分析被测样品的孔隙结构。

【思考题】

(1) 单分子层吸附与多分子层吸附的主要区别是什么?

(2) 实验中相对压力为什么要控制在 0.05~0.35 范围?

(3) 样品制备中,哪些因素会影响其比表面积?

实验 10　同步热分析实验

热分析(Thermal Analysis,TA)是在程序控制温度下,测量物质的性质与温度或时间关系的技术,广泛应用于材料的热稳定性、分解过程、氧化与还原的研究,水分与挥发物的测定,材料老化和分解过程的产物分析,原材料的特征分析以及合成反应的分析等,涉及物理、化学等学科以及石油、冶金、地质、建材、纤维、塑料、橡胶等领域。

【实验目的】

(1) 了解同步热分析法的基本原理和应用。
(2) 了解同步热分析仪的基本构造。
(3) 掌握同步热分析仪的使用方法。
(4) 测定草酸钙的 TG-DSC 谱图,并根据测得的谱图进行定性分析和定量处理。

【实验原理】

热分析法的技术基础在于物质在加热或冷却的过程中,随着其物理状态或化学状态的变化,通常伴有相应的热力学性质(如热焓、比热、导热系数等)或其他性质(如质量、力学性质、电阻等)的变化,因而通过对某些性质(参数)的测定可以分析研究物质的物理变化或化学变化过程。

1. 热重分析法

热重分析法(Thermogravimetry Analysis,TG 或 TGA)使样品处于一定的温度程序(升/降/恒温)控制下,观察样品的质量随温度或时间的变化过程,获取失重比例、失重温度(起始点、峰值、终止点等)以及分解残留量等相关信息。

TG 方法广泛应用于塑料、橡胶、涂料、药品、催化剂等领域的研究开发、工艺优化与质量监控。可以测定材料在不同气氛下的热稳定性与氧化稳定性,可对分解、吸附、解吸附等物化过程进行分析,包括利用 TG 测试结果进一步做表观反应动力学研究。可对物质进行成分的定量计算,测定水分、挥发成分及各种添加剂与填充剂的含量。热重分析仪是一种利用热重分析法检测物质温度-质量变化关系的仪器,测试记录的热重曲线(TG)以质量(m)作纵坐标(从上向下表示质量减少),通常以温度(T)或时间(t)作横坐标(自左至右表示温度增加),即 m-T(或 t)曲线。

图 2.10.1 为 $CuSO_4 \cdot 5H_2O$ 的热重曲线。反应物从开始到结束出现四个反应平台。从开始到 150 ℃时,体系质量损失了 29%,对应于失去四个水分子。在 150～260 ℃过程中,系统损失质量为 7.3%,此时剩余反应物再失去一个水分子。之后系统进入一段平稳期。到 755 ℃时,系统进入一个质量剧烈损失阶段,损失了 30.7%,通过计算损失值推断此阶段发生了产生 SO_3 的反应。此后系统直到 900 ℃,损失质量为 3.3%,经过计算分析得知该过程发生了失去 O_2 的反应。

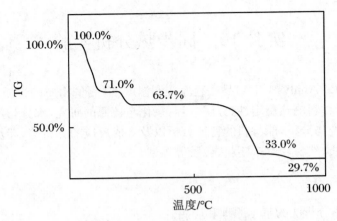

图 2.10.1　$CuSO_4 \cdot 5H_2O$ 热重曲线

2. 差示扫描量热法

差示扫描量热法(Differential Scanning Calorimetry, DSC)使样品处于一定的温度程序(升/降/恒温)控制下,观察样品端和参比端的热流功率差随温度或时间的变化过程,以此获取样品在温度程序控制过程中的吸热、放热、比热变化等相关热效应信息,计算热效应的吸放热量(热焓)与特征温度(起始点、峰值、终止点等)。

DSC 方法广泛应用于塑料、橡胶、纤维、涂料、黏合剂、医药、食品、生物有机体等领域,可以研究材料的熔融与结晶过程、玻璃化转变、相转变、液晶转变、固化、氧化稳定性、反应温度与反应热焓,测定物质的比热、纯度,研究混合物各组分的相容性,计算结晶度、反应动力学参数等。典型的 DSC 曲线如图 2.10.2 所示。

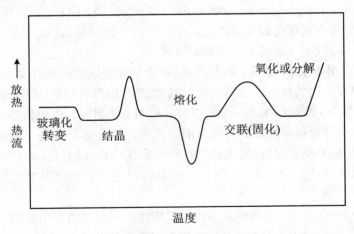

图 2.10.2　典型的 DSC 曲线

3. 同步热分析

同步热分析(Simultaneous Thermal Analysis, STA)将热重分析法与差示扫描量热法结合为一体,在同一次测量中利用同一样品可同步得到质量变化与吸放热相关信息。耐驰

STA449F5 同步热分析仪主要由样品支架、炉子、控温系统、气体系统、天平、恒温水浴及控制系统等部分构成,如图 2.10.3 所示。

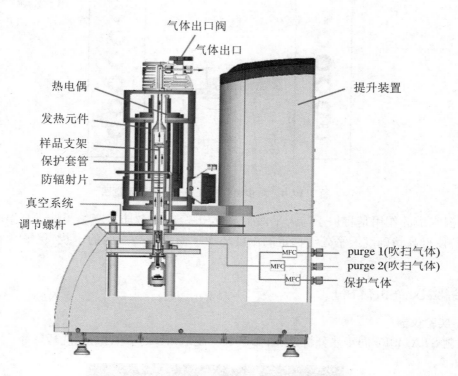

图 2.10.3　STA449F5 同步热分析仪主要结构图

炉子及支架部分基本结构如图 2.10.4 所示。将样品坩埚与参比坩埚(一般为空坩埚)置于同一导热良好的传感器盘上,两者之间的热交换满足傅里叶热传导方程。使用控温炉按照一定的温度程序进行加热,通过定量标定,可将升温过程中两侧热电偶实时量到的温度信号差转换为热流信号差,对时间/温度连续作图后,即得到 DSC 曲线。同时整个传感器(样品支架)插在高精确度的天平上。参比端无质量变化,样品本身在升温过程中的质量变化由热天平进行实时测量,对时间/温度连续作图后即得到 TG 曲线。STA449F5 同步热分析仪炉子采用碳化硅发热材料,SiC 最高温度可达 1550 ℃,为保持发热元件的较长使用寿命,实际实验温度一般不能超 1350 ℃。

气体系统包含保护气体(Protective Gas)和吹扫气体两种,其中保护气体主要用于天平传感器的保护,使天平处于稳定而干燥的工作环境,防止水汽、热空气对流以及样品分解污染物对天平造成影响,通常使用 N_2 或 Ar。吹扫气体有两路,Purge 1 和 Purge 2,用于提供样品实验气氛及吹扫受热过程中样品释放的物质,并根据需要在测量过程中自动切换或相互混合。常见的接法是其中一路连接 N_2 或 Ar 作为吹扫气体,应用于常规应用;另一路连接空气,作为氧化性气氛使用。在气体控制附件方面,可以配备传统的转子流量计、电磁阀,也可配备精确度与自动化程度更高的质量流量计(MFC)。

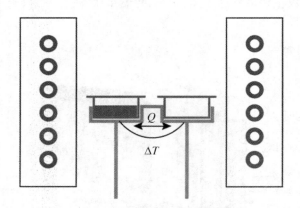

图 2.10.4 同步热分析仪炉子及支架示意图

　　恒温水浴的作用是将炉子与天平两个部分相隔离,有效防止当炉子处于高温时热量传导到天平,使得高精确度天平处于稳定的温度环境下而不受高温区的干扰,保证热重信号的稳定性。

【实验仪器和材料】

1. 实验仪器

耐驰 STA449F5 同步热分析仪(图 2.10.5)、玛瑙研钵、药匙、镊子、洗耳球等。

图 2.10.5 耐驰 STA449F5 同步热分析仪

2. 实验材料

草酸钙粉末。

【实验内容和步骤】

1. 操作条件

（1）实验室要求温度恒定,电源稳定在 220 V、16 A。实验室应尽量远离振动源及大的用电设备,室内配备空调,以保证温度恒定。

（2）在仪器测试时,计算机最好不要上网或运行占用较大系统资源的程序。

（3）保护气体。保护气体是用于在操作过程中对天平进行保护,以保证其使用寿命。Ar,N_2,He 等气体均可用作保护气体。保护气体输出压力应调整为 0.03 MPa,流速恒定为 10~20 mL/min。开机后,保护气体开关应始终为打开状态。

（4）吹扫气体(Purge 1/Purge 2)。吹扫气体在样品测试过程中,用作气氛气或反应气。一般采用惰性气体,也可用氧化性气体(如空气、氧气等)或还原性气体(如 CO,H_2 等)。但应慎重使用氧化性、还原性气体作气氛气,特别是还原性气体,会缩短样品支架热电偶的使用寿命,还会腐蚀仪器上的零部件。吹扫气体输出压力应调整为 0.03 MPa,流速一般情况下为 20~30 mL/min。测试过程中如果被测样品可能发生分解反应,则吹扫气流速应随之加大,以保证分解产物的及时排出,避免污染炉子及传感器。

（5）动态测量模式、静态测量模式。在有吹扫及保护气体时的测量为动态测量模式,否则为静态测量模式。为了延长仪器寿命,保护仪器部件,应尽可能使用在惰性气氛下的动态模式进行测量,慎重考虑静态测量模式。

（6）恒温水浴。恒温水浴是用来保证测量天平工作在一个恒定的温度下。一般情况下,恒温水浴的水温调整为至少比室温高出 2 ℃,提前 2~3 h 开起来。

（7）真空泵。为了保证样品测试中不被氧化或与空气中的某种气体进行反应,需要用真空泵对测量管腔进行反复抽真空并用惰性气体置换。一般置换 2~3 次即可。

2. 样品准备

（1）根据样品材料选择合适的坩埚(常规使用氧化铝坩埚,如果改变了坩埚种类,需在软件的仪器设置项目中做相应设定)。

（2）检查并保证测试样品及其分解物不与测量坩埚、样品支架、热电偶发生反应。

（3）样品称重,建议使用 0.01 mg 以上精确度的天平称量。一般测量中,坩埚加盖(对于氧化铝坩埚,在盖上扎孔后与坩埚一起压制),以防样品污染仪器;特殊测试除外(如在氧化诱导期测试中坩埚不加盖,对于轻度挥发的样品可考虑坩埚盖不扎孔密闭压制)。

（4）参比侧使用空坩埚,参比坩埚置于传感器的靠炉子升降台这侧,样品坩埚在靠操作者这侧。

（5）测试样品为粉末状、颗粒状、片状、块状、固体、液体均可,但要保证与测量坩埚底部接触良好,样品应适量(通常在坩埚中放置 1/3 厚或 5 mg 重),以便减小测试中样品的温度梯度,确保测量精确度。

（6）对于热反应剧烈或在反应过程中易产生气泡的样品,应适当减少样品量。

（7）为了保证测量精确度,测量所用的氧化铝坩埚(包括参比坩埚)要预先热处理到等于或高于其最高测量温度。

（8）用仪器内部天平称样时，炉子内部温度必须保持恒定在室温，天平稳定后的读数才有效。

3．样品测量

（1）开机。打开计算机与 STA449F5 主机电源，打开恒温水浴。

（2）气体与液氮。确认测量所使用的吹扫气体情况。

（3）样品制备与装样。准备一个干净的空坩埚，STA449F5 最常使用的是氧化铝坩埚。

（4）新建测量。点击测量软件菜单项"文件"→"打开"，打开合适的基线文件；随后弹出"测量设定"对话框。在"测量类型"中选择"修正＋样品"模式。

（5）在"快速设定"页面中，可输入样品名称与样品编号。若使用内部天平称重，则点击"样品质量"下侧的"称重"按钮。大体过程是先插入空坩埚，关闭炉子，等待质量信号稳定，随后点击"清零"；再打开炉子，将坩埚取出，装样，再放入，关闭炉子，待质量信号稳定后点击"保存"和"确定"，软件会自动读取 TG 质量信号并填入"样品质量"一栏中。随后点击"文件名"右侧的"选择"按钮，为测量设定存盘路径与文件名。

（6）确认其他设置（基本信息、温度程序）。完成"快速设定"页面的设置后，点击"下一步"，首先进入"设置"页面，确认仪器的相关硬件设置；其次点击"下一步"进入"基本信息"页面，输入实验室、项目、操作者等其他相关信息；然后点击"下一步"，进入温度程序编制界面，进行温度程序确认或调整；接着点击"下一步"，进入"最后的条目"页面，在此页面中确认存盘文件名；最后点击下方"测量"按钮，软件自动退出上述实验设定对话框，并弹出"STA449F5 在…调整"对话框。

（7）开始测量。对于设定了"初始等待"的测试，在"调整"对话框的界面，此时直接点击"开始等待到"即可。仪器会按照程序设定自动打开气体并调节到设定流量（在配置 MFC 质量流量计的情况下），并自动升温到等待温度进入等待状态。等待完成后，自动进入测试。

（8）测量运行。

（9）测量完成。待炉子温度降至 300 ℃ 以下后，按动按钮升起炉子，移开炉子，取出样品。再按动按钮合上炉子。

【数据分析及处理】

根据测定草酸钙的 TG-DSC 谱图，对其进行定性分析和定量处理：

（1）根据 TG 曲线，标注 TG 曲线失重比例以及失重台阶的起始温度、结束温度，残留质量等相关信息。

（2）根据 DSC 曲线，判断发生热效应类型，并标注 DSC 曲线特征温度，包括起始点、峰值、终止点等相关信息。

（3）由测得的 TG-DSC 曲线，根据失重比例、热效应类型及物质特性推断发生的反应方程式。

【实验注意事项】

(1) 被测样品实验前碾成粉末,一般粒度在 100～300 目;装样时,应在实验台上轻轻敲几下,保证样品之间接触良好。

(2) 用镊子放置坩埚,动作要轻巧、稳、准确,切勿将样品洒落到炉膛里面。

(3) 实验完成后,建议等炉温降到 300 ℃ 以下后再打开炉子。

【实验报告要求】

(1) 简述同步热分析的基本原理及应用。

(2) 简述同步热分析仪的基本构造和使用同步热分析仪的基本操作步骤。

(3) 根据测定草酸钙的 TG-DSC 谱图,对其进行定性分析和定量处理。

【思考题】

(1) 相比于单独的 TG 和 DSC 测试,同步热分析有哪些优点?

(2) 影响热重分析结果(TG 曲线)和差示扫描量热分析结果(DSC 曲线)的因素有哪些?

实验 11 材料的导热性能实验

导热性是物质的一种重要性质,它指的是物质在温度差的作用下传递热量的能力。导热性的好坏直接影响着物体的热传导速度和温度分布情况。导热系数是表征物质导热能力大小的物性参数,又称为热导率,是材料的热物性参数之一,也是固体最重要的热物性参数。比热容是指物质的热容量除以质量,即将 1 g 的物质温度提高 1 ℃(或 1 K)所需的能量。这是实现一系列目标(例如优化技术过程或评估热风险)非常有用的物理量。

【实验目的】

(1) 掌握快速测量绝热材料的导热系数和比热容的方法。

(2) 掌握使用热电偶测量温差的方法。

【实验原理】

导热性是建筑材料及保温材料应用的关键性能,如大体积建筑为维持其体积稳定性的温控计算和设计、窑炉的热工计算和设计均需清楚所选材料的导热系数。导热是指直接接触的物体各部分能量交换的现象,其实质是物体内由分子间(质点间)相互碰撞引起的内能传递的结果。这种现象表明只要物体各部分存在温度差,就会产生能量的传递。本实验是根据第二类边界条件,无限大平板的导热问题来设计的。设平板厚度为 2δ,初始温度为 T_0,平板两面受恒定的热流密度 q_c 均匀加热,如图 2.11.1 所示。求任何瞬间沿平板厚度方向的温度分布。

根据傅里叶定律得出导热系数为

$$\lambda = \frac{q_c \delta}{2\Delta T} \tag{2.11.1}$$

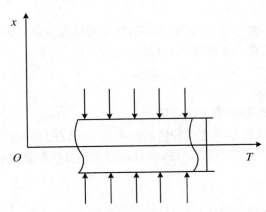

图 2.11.1　第二类边界条件,无限大平板导热的物理模型

式中,λ 是平板的导热系数,单位为 W/(m·℃);q_c 是沿 x 方向给平板加热的恒定热流密度,单位为 W/m²;ΔT 是两面的温差,单位为℃。

根据热平衡原理,在准稳态有以下关系:

$$q_c \cdot F = \rho \cdot c \cdot \delta \cdot F \cdot \frac{\mathrm{d}T}{\mathrm{d}\tau} \tag{2.11.2}$$

式中,F 是试件的横截面积;ρ 是试件材料的密度;c 是试件材料的比热容;$\dfrac{\mathrm{d}T}{\mathrm{d}\tau}$ 是准稳态时的温升速率。

由式(2.11.2)可求得

$$c = \frac{q_c}{\rho \cdot \delta \cdot \dfrac{\mathrm{d}T}{\mathrm{d}\tau}} \tag{2.11.3}$$

实验时,$\dfrac{\mathrm{d}T}{\mathrm{d}\tau}$ 以试件中心处为准。

【实验仪器和材料】

1. 实验仪器

图 2.11.2 为稳态平板法测试装置图。利用 4 块表面平整,尺寸为 200 mm×200 mm×10 mm 的完全相同的被测试件(材料为有机玻璃,其导热系数一般为 0.140~0.198 W/(m·℃)),每块试件的厚度为 δ。将 4 块试件叠在一起并装入 2 个相同的高电阻康铜箔平面加热器,加热器和试件的面积相同。用导热系数比试件小得多的材料作绝缘层,力求减小通过它的热量,使试件 1,4 与绝缘层的接触面接近绝热。这样可假定 q_c 等于加热器发出的热量的 1/2,即

$$q_c = \frac{1}{2}\frac{Q}{F} = \frac{UI}{2F}$$

利用热电偶测量试件 2 两面的温差及试件 2,3 接触面中心处的升温速率。热电偶冷端放在冰水混合物中,保持零度。

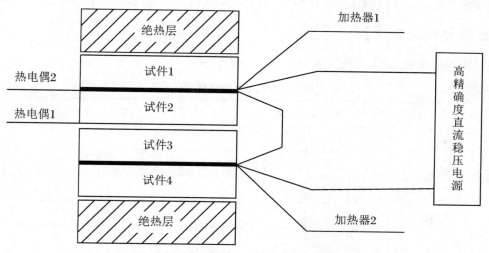

图 2.11.2　稳态平板法测试装置图

2. 实验材料

有机玻璃、铁块、铜块。

【实验内容和步骤】

（1）用自定量具测量样品、下铜盘的几何尺寸、质量等必要的物理量,多次测量,然后取平均值。其中铜盘的比热容 $c = 0.385$ kJ/(K・kg)。

（2）安置被测样品和下铜盘时,要使放置热电偶的洞孔与杜瓦瓶在同一侧。热电偶插入铜盘上的小孔时,要抹上硅脂,并插到洞孔底部,使热电偶测温端与铜盘接触良好,热电偶冷端插在冰水混合物中。用稳态法测量时,一般采用自动控温方式,这时控制方式开关打到"自动",手动控制开关打到中间位置。温度稳定时间为 40 min 左右,具体时间因被测材料、目标温度及环境温度的不同而不同。手动测量时,为缩短时间,可先将"手动控制"开关置于高挡,一定时间后,当毫伏表读数接近目标温度对应的热电偶读数时,即可将开关拨至低挡,通过调节手动开关的高挡、低挡及断电挡,上铜盘的热电偶输出的电压在 ±0.03 mV 范围内。待上铜盘的温度稳定后,观察下铜盘的温度变化情况,每隔 30 s 记录上、下圆盘 A 和散热盘 P 对应的电压读数,待下圆盘的电压读数在 3 min 内变化一个数值以内时,即可认为已达到稳定状态,记下此时的 V_{T_1} 和 V_{T_2} 值。

（3）记录稳态时的 T_1,T_2 值后,移去样品,继续对下铜盘加热,当下铜盘温度比 T_2 高出 10 ℃ 左右时,移去圆筒,让下铜盘所有表面均暴露于空气中,使下铜盘自然冷却。每隔 30 s 读一次下铜盘的温度示值并记录,直至温度下降到 T_2 以下一定值。作铜板的 T-t 冷却速率曲线（选取邻近 T_2 的测量数据来求出冷却速率）。

（4）计算样品的导热系数 λ。

(5) 本实验直接测温度,温差 100 ℃时,其温差电动势约为 42.7 V,故应配用量程为 0~1999 V,并能读到 0.1 V 的数字电压表(数字电压表前端采用自稳零放大器,故不用调零)。当温度变化范围不大于待测温度的比值时,温差电动势与温度变化之间的比例是一个常数。

【数据分析及处理】

根据实验记录表 2.11.1 记录数据。

表 2.11.1　导热系数测定数据记录表

工况		时间	$T_1/℃$	$T_2/℃$	$T_3/℃$	$T_4/℃$	$T_5/℃$	$T_6/℃$	$\Delta T/℃$	V/V	I/A	Q/W
1	设定电压											
	平均温度											
2	设定电压											
	平均温度											
3	设定电压											
	平均温度											
4	设定电压											
	平均温度											

【实验注意事项】

(1) 测金属的导热系数的稳态值时,热电偶应该插到金属样品上的两侧小孔中;测量散热速率时,热电偶应该重新插到散热盘的小孔中。T_1,T_2 值为稳态时金属样品上下两侧的温度,此时散热盘 P 的温度为 T_3,测 T_3 值时要在 T_1,T_2 值达到稳定后,将上面测 T_1 或 T_2 的热电偶移下来插到下铜盘小孔中进行测量。

(2) 上铜盘侧面和散热盘 P 侧面,都有供安插热电偶的小孔,安放发热盘时这两个小孔都应与杜瓦瓶在同一侧,以免线路错乱。热电偶插入小孔时,要抹上硅脂,并插到洞孔底部,保证接触良好,热电偶冷端插在冰水混合物中。

(3) 样品圆盘 B 和散热盘 P 的几何尺寸,可用游标卡尺多次测量取平均值。散热盘的质量 m 约为 0.8 kg,可用天平称量。

(4) 对于面板中的信号输出,可以接电位差计来精确测量热电偶温差电动势。

【实验报告要求】

(1) 每个样品至少取 6 个温度点,同一个样品重复测量两次,比较测量差异。

(2) 计算材料导热系数的温差必须是系统进入准稳态时的温差。

【思考题】

(1) 用稳态法测量导热系数,要求哪些实验条件及如何在实验中予以确定?

(2) 求冷却速率时,为什么要在散热盘稳态温度附近选值?

实验 12　材料热膨胀系数的测定

物体的体积或长度随温度的变化而膨胀的现象称为热膨胀,其变化能力以等压(P 一定)下,单位温度变化所导致的体积或长度的变化,即热膨胀系数表示。热膨胀的本质是晶体点阵结构间的平均距离随温度变化而变化。材料的热膨胀通常用线膨胀系数或者体膨胀系数来表述。热膨胀系数是材料的主要物理性质之一,它是衡量材料的热稳定性好坏的一个重要指标。在实际应用中,当两种不同的材料彼此焊接或熔接时,选择材料的热膨胀系数显得尤为重要,如玻璃仪器、陶瓷制品的焊接加工,都要求两种材料具备相近的热膨胀系数。在电真空工业和仪器制造工业中广泛地将非金属材料与各种金属焊接,也要求两者有相适应的热膨胀系数。如果选择材料的热膨胀系数相差比较大,焊接时由于膨胀的速度不同,在焊接处产生应力,这降低了材料的机械强度和气密性,严重时会导致焊接处脱落、炸裂、漏气或漏油。如果层状物由两种材料叠置连接而成,则温度变化时,由于两种材料膨胀值不同,若仍连接在一起,体系中要采用中间膨胀值,从而使一种材料中产生压应力而另一种材料中产生大小相等的张应力,恰当利用这个特性,可以增加制品的强度。因此,测定材料的热膨胀系数具有重要意义。

【实验目的】

(1) 了解测定材料的热膨胀曲线对生产的指导意义。

(2) 掌握示差法测定热膨胀系数的原理、方法和测试要点。

(3) 利用材料的热膨胀曲线,确定玻璃材料的特征温度。

【实验原理】

对于普通材料,通常所说的热膨胀系数是指线膨胀系数,其意义是温度升高 1 ℃时单位长度上所增加的长度。

假设物体原来的长度为 L_0，温度升高后长度的增加量为 ΔL，实验指出它们之间存在如下关系：

$$\frac{\Delta L}{L_0} = \alpha_1 \Delta T \tag{2.12.1}$$

式中，α_1 称为线膨胀系数，也就是温度每升高 1 ℃ 时，物体的相对伸长量。

当物体的温度从 T_1 上升到 T_2 时，其体积也从 V_1 变化为 V_2，则该物体在 T_1 至 T_2 的温度范围内，温度每上升一个单位，单位体积物体的平均增长量为

$$\beta = \frac{V_1 - V_2}{V_1(T_1 - T_2)} \tag{2.12.2}$$

式中，β 是平均体膨胀系数。

从测试技术来说，测体膨胀系数较为复杂。因此，在讨论材料的热膨胀系数时，常常采用线膨胀系数：

$$\alpha = \frac{L_1 - L_2}{L_1(T_1 - T_2)} \tag{2.12.3}$$

式中，α 是材料的平均线膨胀系数；L_1 是在温度为 T_1 时材料的长度；L_2 是在温度为 T_2 时材料长度。β 与 α 的关系是

$$\beta = 3\alpha + 3\alpha^2 \cdot \Delta T^2 + \alpha^3 \cdot \Delta T^3 \tag{2.12.4}$$

式中，第二项和第三项非常小，在实际中一般略去不计，而取 $\beta \approx 3\alpha$。

必须指出，由于膨胀系数实际上并不是一个恒定的值，而是随温度变化的，所以上述膨胀系数都具有在一定温度范围 ΔT 内平均值的概念，因此使用时要注意它适用的温度范围。

示差法采用热稳定性良好的材料石英玻璃（棒和管），在较高温度下，其线膨胀系数随温度改变很小。当温度升高时，石英玻璃管、其中的待测试样与石英玻璃棒都会发生膨胀，但是待测试样的膨胀比石英玻璃管上同样长度部分的膨胀要大，因而使得与待测试样相接触的石英玻璃棒发生移动。这个移动是石英玻璃管、石英玻璃棒和待测试样三者的同时伸长和部分抵消后在千分表上所显示的 ΔL 值，它包括试样与石英玻璃管和石英玻璃棒的热膨胀之差值。测定出这个系统的伸长之差值及加热前后温度的差数，并根据已知石英玻璃的热膨胀系数，便可算出待测试样的热膨胀系数。

图 2.12.1 是石英膨胀仪的工作原理分析图，从图中可见，膨胀仪上千分表上的读数为

$$\Delta L = \Delta L_1 - \Delta L_2 \tag{2.12.5}$$

由此得到

$$\Delta L_1 = \Delta L + \Delta L_2 \tag{2.12.6}$$

根据定义，待测试样的线膨胀系数为

$$\alpha = \frac{\Delta L + \Delta L_2}{L \cdot \Delta T} = \frac{\Delta L}{L \cdot \Delta T} + \frac{\Delta L_2}{L \cdot \Delta T} \tag{2.12.7}$$

其中 $\frac{\Delta L_2}{L \cdot \Delta T} = \alpha_{石}$，所以

$$\alpha = \alpha_{石} + \frac{\Delta L}{L \cdot \Delta T} \tag{2.12.8}$$

若温度差为 $T_2 - T_1$，则待测试样的平均线膨胀系数 α 可按下式计算：

$$\alpha = \alpha_石 + \frac{\Delta L}{L \cdot (T_2 - T_1)} \tag{2.12.9}$$

式中，$\alpha_石$ 为石英玻璃的平均线膨胀系数（按下列温度范围取值）：

$$\alpha_石 = 5.7 \times 10^{-7}/℃\,(0 \sim 300\,℃)$$
$$\alpha_石 = 5.9 \times 10^{-7}/℃\,(0 \sim 400\,℃)$$
$$\alpha_石 = 5.8 \times 10^{-7}/℃\,(0 \sim 1000\,℃)$$
$$\alpha_石 = 5.97 \times 10^{-7}/℃\,(200 \sim 700\,℃)$$

式（2.12.9）中，T_1 是开始测定时的温度；T_2 一般定为 300 ℃（若需要，也可定为其他温度）；ΔL 是试样的伸长值，即对应于温度 T_1 与 T_2 时千分表读数之差值，单位为 mm；L 是试样的原始长度，单位为 mm。

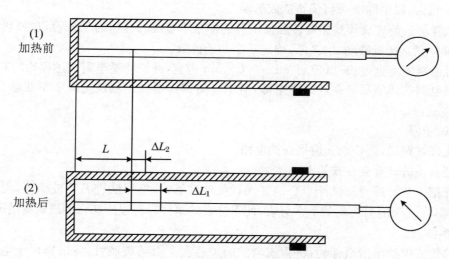

图 2.12.1　石英膨胀仪的工作原理分析图

这样，利用实验数据在直角坐标系上画出热膨胀曲线，就可确定试样的线膨胀系数。对于玻璃材料还可以得出其特征温度：玻璃转变温度或脆性温度 T_g 与玻璃软化温度 T_f。

【实验仪器和材料】

1. 实验仪器

小砂轮片（磨平试样端面用）、卡尺（量试样长度用）、秒表（计时用）、石英膨胀仪（包括管式电炉、特制石英玻璃管、石英玻璃棒、千分表、热电偶、电位差计、电流表、2 kV 调压器等）。

2. 实验材料

待测试样（玻璃、陶瓷等）。

【实验内容和步骤】

1. 试样的准备

(1) 取无缺陷(对于玻璃,应当无砂子、波筋、条纹、气泡)材料,作为测定热膨胀系数的试样。

(2) 试样尺寸依不同仪器的要求而定。例如,一般石英膨胀仪要求试样直径为 5~6 mm,长为 (60 ± 0.1) mm;UBD 万能膨胀仪要求试样直径为 3 mm,长为 (50 ± 0.1) mm;Welss 立式膨胀仪要求试样直径为 12 mm,长为 (65 ± 0.1) mm。

(3) 把试样两端磨平,用千分卡尺精确量出长度。

2. 测试操作要点

(1) 被测试样和石英玻璃棒、千分表顶杆三者应先在炉外调整成平直相接,并保持在石英玻璃管的中轴区,以消除摩擦与偏斜造成的误差。

(2) 试样与石英玻璃棒要紧紧接触使试样的膨胀增量及时传递给千分表,在加热测定前要使千分表顶杆紧至指针转动 2~3 圈,确定一个初始读数。

(3) 升温速度不宜过快,以控制在 2~3 ℃/min 为宜,并维持整个测试过程均匀升温。

(4) 热电偶的热端尽量靠近试样中部,但不应与试样接触。测试过程中不要触动仪器,也不要振动实验台。

3. 测试步骤

(1) 先接好路线,再检查一遍接好的电路。

(2) 把石英玻璃管夹在铁架上。

(3) 先把准备好的待测试样小心地装入石英玻璃管内,然后装进石英玻璃棒,使石英玻璃棒紧贴试样,在支架的另一端装上千分表,使千分表的顶杆轻轻顶压在石英玻璃棒的末端,把千分表转到零位。

(4) 将管式电炉沿滑轨移动,将管式电炉的炉芯套上石英玻璃管,使试样位于电炉中心位置(即热电偶端位置)。

(5) 合上电闸,接通电源,等电压稳定后,调节自耦调压器,均匀升温,记录温度变化和试样尺寸变化曲线图。

【数据分析及处理】

(1) 根据原始数据绘出待测试样的热膨胀曲线。

(2) 按公式计算试样平均热膨胀系数。

(3) 对于玻璃材料,从热膨胀曲线上确定出其特征温度 T_g 和 T_f。

【实验注意事项】

(1) 严格遵守实验设备的操作规程。

(2) 待测试样升温速率应尽可能均匀。

(3) 高温实验,注意安全。

【实验报告要求】

（1）实验数据应准确无误，对实验过程中的误差和不确定性应进行合理分析。

（2）讨论实验中存在的误差和不确定性，并提出改进措施。

【思考题】

（1）举两例说明测试材料热膨胀系数对指导生产有何实际意义。

（2）为什么要选用石英玻璃作为安装试样的托管？升温速度的快慢对热膨胀系数的测试结果有无影响？为什么？

第3章　学科基础实验

实验1　晶体结构的网状堆垛模型构建

晶体与非晶体之间的主要差别在于它们是否具有点阵结构,即组成晶体的原子、离子、分子等是否呈长程的有序排列。晶体的各种性质,无论是物理、化学方面的性质,还是几何形态方面的性质,都与其内部点阵结构紧密联系。因此,研究晶体的结构是十分必要的。

【实验目的】

(1) 熟悉面心立方、体心立方和密排六方晶体结构中常用晶面和晶向的几何位置、原子排列和密度。

(2) 熟悉三种晶体结构中四面体间隙和八面体间隙的位置和分布。

(3) 熟悉面心立方和密排六方晶体结构中密排面的原子堆垛顺序。

(4) 练习面心立方结构氯化钠、六方结构石墨、复杂面心立方结构金刚石的球棍模型的构建,掌握晶向指数和晶面指数的确定方法。

【实验原理】

1. 晶体

原子、分子或离子,按一定规则呈周期性排列,即构成晶体。自然界中绝大多数典型金属具有高对称性的简单晶体点阵。最典型的是面心立方(A1)、体心立方(A2)和密排六方(A3)三种点阵结构,其结构特点如图3.1.1所示。

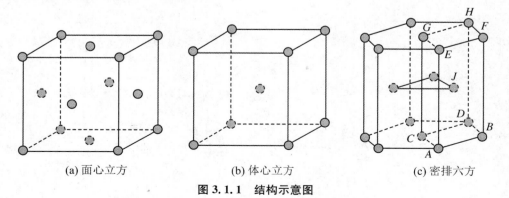

(a) 面心立方　　　　　(b) 体心立方　　　　　(c) 密排六方

图 3.1.1　结构示意图

2．晶向

在晶格中,穿过两个以上结点的任一直线,都代表晶体中一个原子列在空间的位向,称为晶向。任一晶向指数代表晶体中相互平行并同向的所有原子列。不同指数的晶向有不同的空间方位和原子间距。正交晶系和六方晶系的常用晶向如图 3.1.2、图 3.1.3 所示。

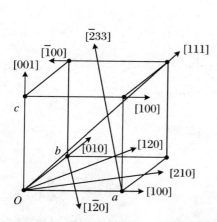

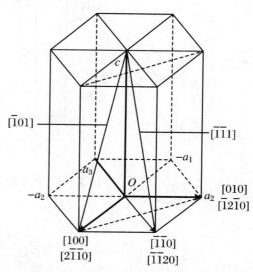

图 3.1.2　正交晶系中几个晶向的晶向指数　　　　图 3.1.3　六方晶系的几个晶向指数与晶面指数

3．晶面

同处于一个平面中的原子构成晶面。任一晶面指数表示晶体中相互平行的所有晶面。不同指数的晶面空间方位、原子排列方式和原子面密度不同。立方晶体结构中常用晶面的方位和原子排列如图 3.1.4 所示。六方晶体结构中常用晶面的方位和原子排列如图 3.1.5 所示。

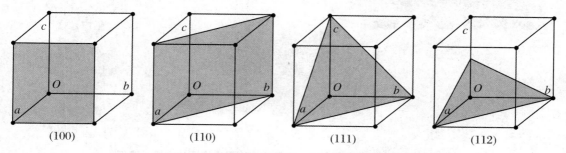

图 3.1.4　立方晶体结构中的几个晶面的晶面指数

4．面心立方和密排六方晶体结构最密排面的堆垛顺序

面心立方和密排六方晶体结构均为等径原子最密排结构,二者致密度均为 0.74,配位数均为 12,它们的区别在于最密排面的堆垛顺序不同。面心立方晶体的最密排面{111}按 $ABCABC\cdots$顺序堆垛,而密排六方晶体的最密排面{0001}按 $ABABAB\cdots$顺序堆垛。A,B,C 均表示堆垛时原子所占据的相应位置,如图 3.1.6 所示。

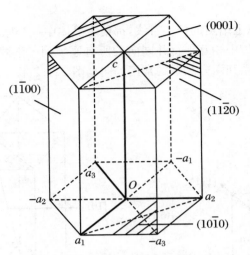

图 3.1.5　六方晶体结构中的几个晶面指数

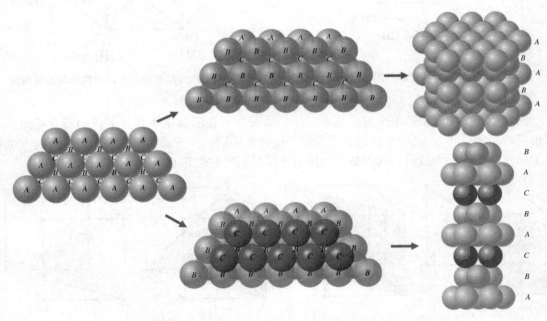

图 3.1.6　面心立方和密排六方晶体结构最密排面的堆垛示意图

5. 晶体中间隙的意义、位置、大小和数量

从原子排列刚球模型可见,除最近邻原子外,球间都有空隙,就是这些空隙构成了晶体中的间隙(又称空腔)。尺寸较大的间隙,因具备溶入其他小原子的可能性而被人们所重视。按周围原子的分布可将间隙分为两种,即四面体间隙和八面体间隙,其位置如图 3.1.7～图 3.1.9 所示。

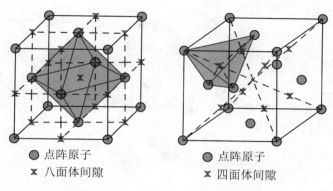

图 3.1.7　面心立方点阵中的间隙

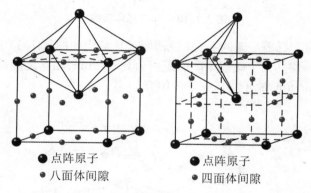

图 3.1.8　体心立方点阵中的间隙

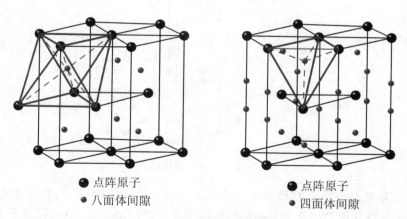

图 3.1.9　密排六方点阵中的间隙

6. 典型晶体的结构

（1）NaCl 结构。其结构如图 3.1.10 所示,可视为负离子（Cl^-）构成面心立方点阵,而正离子（Na^+）占据其全部八面体间隙。它属于立方晶系,面心立方点阵。正负离子的配位数均为 6。

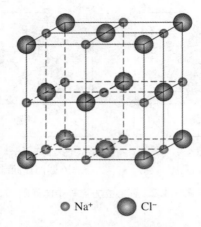

Na⁺　　Cl⁻

图 3.1.10　NaCl 晶体结构

（2）石墨晶体结构。石墨是碳的一种结晶形态，其结构如图 3.1.11 所示，属于六方晶系，原子呈层状排列。同一层晶面上碳原子间的距离为 0.142 nm，相互之间是以共价键结合；层与层之间的距离为 0.3354 nm，原子间以分子键结合。

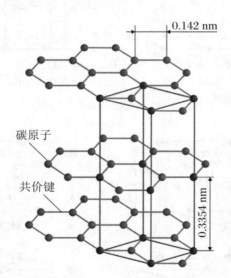

0.142 nm

碳原子

共价键

0.3354 nm

图 3.1.11　石墨晶体结构

（3）金刚石晶型。金刚石是碳的另一种结晶形态。每个碳原子均有 4 个相邻的碳原子（图 3.1.12），全部以共价键结合。其晶体结构属于复杂的面心立方结构，碳原子在晶胞内除按通常的面心立方结构排列外，在相当于面心立方结构内 4 个四面体间隙位置处还各有一个碳原子，它们的坐标分别为 $\left(\frac{1}{4},\frac{1}{4},\frac{1}{4}\right)$，$\left(\frac{3}{4},\frac{3}{4},\frac{1}{4}\right)$，$\left(\frac{3}{4},\frac{1}{4},\frac{3}{4}\right)$，$\left(\frac{1}{4},\frac{3}{4},\frac{3}{4}\right)$，故每个晶胞的原子数是 8。实际上，该晶体结构可视为由两个面心立方晶胞沿体对角线相对位移 1/4 距离穿插而成。

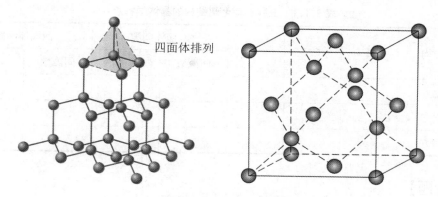

图 3.1.12　金刚石结构

【实验仪器和材料】

氯化钠、石墨及金刚石晶体结构球棍模型。

【实验内容和步骤】

（1）使用绿色、灰色两种球及相应的塑料棒构建面心立方结构氯化钠晶体模型，指出其（100）、（110）、（111）、（112）晶面和〈100〉、〈110〉、〈112〉晶向，并找出其四面体间隙和八面体间隙的位置及个数。

（2）使用五孔黑色球及相应的塑料棒构建石墨晶体模型，指出其（100）、（110）、（111）、（112）晶面和〈100〉、〈110〉、〈112〉晶向。借助石墨晶体模型（注意石墨晶体结构与密排六方结构的区别），找出密排六方结构中四面体间隙和八面体间隙的位置及个数。

（3）使用四孔黑色球及相应的塑料棒构建金刚石晶体模型，指出图 3.1.12 中如何由左图转换为右图。

【实验注意事项】

（1）实验课前认真预习，熟悉实验内容。

（2）实验过程中，积极动手堆垛结构模型，仔细观察、分析并充分了解不同材料的空间结构及原子堆垛方式。

【实验报告要求】

（1）分别画出面心立方、体心立方和密排六方晶胞。

（2）在面心立方和体心立方晶体结构中标出常用的（100）、（110）、（111）、（112）晶面和〈100〉、〈110〉、〈112〉晶向。

（3）在六方晶体结构中标出（0001）、（10$\bar{1}$1）、（$\bar{1}$010）晶面和〈100〉、〈110〉、〈112〉晶向，并将三轴坐标系晶向指数换算为四轴坐标系的晶向指数。

（4）通过分析、计算，完成表 3.1.1。

表 3.1.1　三种典型金属结构的晶体学特点

晶体结构	n	CN	ξ	八面体间隙		四面体间隙	
				间隙数	r_i/r_a	间隙数	r_i/r_a
面心立方							
体心立方							
密排六方							

【思考题】

金刚石型结构属面心立方点阵,因而是密堆积结构。该说法是否正确? 理由是什么?

实验 2　金相试样的制备与观察

显微分析是研究金属内部组织最重要的方法。在金相学一百多年的发展史中,绝大部分研究工作是借助于光学显微镜完成的。由于研究材料各异,金相制样的方法多种多样,其程序通常可分为取样、镶样、磨制、机械抛光(或电解抛光、化学抛光)、显微组织显示等几个主要工序,无论哪一个工序操作不当,都会影响最终效果。不恰当的操作可能形成"伪组织"导致错误的分析。为能清楚地显示出组织细节,在试样制备过程中应不使试样表层发生任何组织变化、曳尾、划痕、麻点等,有时还需保护好试样的边缘。近年来,电子显微镜的重要性日益增加,但是光学显微金相技术在教学、科学研究和生产中仍占据一定的位置。金相试样制备有许多技巧,需要长期实践才能较好地掌握。

【实验目的】

(1) 学习金相试样的制备过程。

(2) 了解金相显微组织显示的方法。

(3) 掌握金相显微镜的使用方法。

【实验原理】

金相显微分析是利用显微镜的光学理论借助试样表面对光线的反射特点来进行的。为了对金相显微组织进行鉴别和研究,需要将所分析的金属材料制备成一定尺寸的试样,并经磨制、抛光与显微组织显示等工序,最后通过金相显微镜来观察和分析金属的显微组织状态及分布情况。

金相试样的制备过程包括取样、镶样、磨制、抛光、显微组织显示五个步骤。

1. 取样

取样是金相显微分析中很重要的一个步骤,选取金相试样时应根据研究的目的,取其具有代表性的部位。例如,在分析失效零件的损坏原因时(废品分析),除了在损坏部位取样外,还要在距离损坏处较远的部位截取试样,以便比较;在研究铸件组织时,由于偏析现象的存在,要从表面层到中心,同时取样进行观察;对于轧制和锻造材料则应截取横向(垂直于轧制方向)及纵向(平行于轧制方向)的金相试样,以便于分析比较表面层缺陷及非金属夹杂物的分布情况;对于一般经热处理的零件,由于金相组织比较均匀,试样截取可在任一截面进行。

通常采用直径为 12~15 mm,高度(或边长)为 12~15 mm 的圆柱或方形试样。试样可用砂轮切割、电火花线切割、机加工(车、铣、刨、磨)、手锯以及剪切等方法截取,必要时也可用氧乙炔火焰气割法截取。具体的截取方法视材料的性质不同而异,软的金属可用手锯或锯床切割;对硬而脆的材料(如白口铸铁),则可用锤击打取样;对极硬的材料(如淬火钢),则可采用砂轮切片机或脉冲等切割。试样截取时应尽量避免截取方法对组织的影响(如变形、过热等)。在后续制样过程中应去除由截取操作引起的影响层,如通过砂轮磨削等;也可在截取时采取预防措施(如使用冷却液等),防止组织变化。

另外,试样表面若有油渍、污物、冷却液或残渣,可用合适的溶剂(如酒精、丙酮等)清洗,清洗可在超声波中进行。任何妨碍基体金属腐蚀的金属覆盖层应在磨抛之前除去。

2. 镶样

在试样尺寸较小(如薄板、丝带材、细管等),试样过软、易碎,试样形状不规则,检验边缘组织,用于自动磨抛机进行标准化制样等情况下,试样需要镶嵌。所选用的镶嵌方法不应改变原始组织,镶嵌时试样检验面一般朝下放置。镶嵌方法根据实际需要,可选用树脂镶嵌或夹具夹持镶嵌。

最常用的镶嵌法是将试样镶嵌在树脂内,如图 3.2.1 所示。因树脂比金属软,为避免试样边缘磨圆,可以将试样夹在硬度相近的金属块之间或用相同硬度的环状物包围等。也可用保边型树脂,可根据检验目的不同选择市场上不同质量的树脂。细线材、异型件、断口等试样,可在镶嵌之前电镀铜、铁、镍、金、银等金属,电镀金属应比试样软,同时不应与试样金属基体起电化学反应。对于扩散层、渗层、镀层较薄的试样,可倾斜镶嵌以便放大薄层在一个方向上的厚度。有时为使镶样导电,可在树脂中加入铜粉或银粉等金属添加剂。树脂镶嵌法主要包括热镶法和冷镶法。

图 3.2.1 树脂镶嵌的金相试样图

热镶法是将试样检验面朝下放入热镶机的模子中,倒入热固性或热塑性树脂,封紧模子并加热、加压、固化、冷却，完成热镶。热固性树脂多为胶木粉或电木粉，不透明，有多种颜色（一般是黑色的）。热镶的温度、压力、加热及冷却时间根据选用的树脂而定，一般加热温度不超过 180 ℃，压力小于 30 MPa，保持一定时间，冷却到 30 ℃后，去除压力将镶嵌试样从压膜中顶出。这种镶嵌方法速度快，但要加热加压，可能使某些金相组织发生变化，如淬火马氏体组织被回火等。

冷镶法是将试样检验面朝下放入合适的冷镶模子中，将树脂及固化剂按合适比例充分搅拌（搅拌过程中尽量避免出现气泡），注入模具，在室温下固化成型。对温度和压力敏感的材料要冷镶，如不允许加热的试样、软的试样、形状复杂的试样以及多孔试样等。冷镶材料有聚酯树脂、丙烯酸树脂、环氧树脂等，也可使用牙托粉和牙托水。冷镶模具可用硬橡胶、聚四氟乙烯塑料、纸盒等。使用低真空实现真空冷镶，镶嵌材料容易渗入缝隙，适用于多孔试样、细裂纹试样、易脆试样等。

3．磨制

试样的磨制一般分为粗磨与细磨。目的是获得平整光洁的表面，为抛光做准备。

（1）粗磨（磨平）。试样在磨制前，先用砂轮磨平或用锉刀锉平。粗磨时，应使试样的磨面与砂轮侧面保持平行，缓缓地与砂轮接触，并均匀地对试样加适当的压力。在磨制过程中，试样应沿砂轮径向往返缓慢移动，避免在一处磨而使砂轮出现凹槽导致试样不平。此外，还应注意使试样不因磨制而发热。因此，要不时地将试样放入冷水中冷却。试样磨面一般要倒角（0.5～1 mm×45°），并将其磨面棱角去掉（要保留棱角的，如渗碳层检验用除外），以免细磨及抛光时撕破砂纸或刮破抛光布料，甚至造成试样从抛光机上飞出伤人。当试样表面平整，粗磨完成后，将试样用水冲洗擦干。

（2）细磨。细磨是将经磨平、洗净、吹干后的试样，在不同粒度的砂纸上由粗到细依次磨制。细磨分为手工磨和机械磨两种。手工磨是将砂纸放在玻璃板上，把试样先从较粗的砂纸开始磨，磨制方向应和试样已有旧磨痕方向垂直。磨制过程中应使磨面受压均匀，而且压力适中保证试样表面不发热不生出过深划痕。磨制以磨面平整、磨痕方向一致且覆盖上次磨痕为止。每次更换砂纸后，试样要转 90°，方向与旧磨痕垂直。更换砂纸时，要将试样清理干净，避免将砂粒带到砂纸上，使试样划出较深划痕。机械细磨是在预磨机上进行的，把砂纸紧固在转盘上，开动机器后，试样在其上磨制。机械磨制速度快，效率高，但需注意安全。

4．抛光

试样抛光的目的是去除试样表面上的磨痕，达到光亮而无磨痕的镜面。试样的抛光一般分为机械抛光、电解抛光、化学抛光、振动抛光、显微研磨等。

机械抛光为最常用的抛光方法，其是在专用抛光机上进行的。抛光机主要由电动机和抛光盘组成。抛光盘上铺以细帆布、呢、绒、丝绸等抛光织物。抛光时在抛光盘上不断添加抛光液或抛光膏，抛光液通常采用金刚石、Al_2O_3，MgO 或 Cr_2O_3 等细粉末（粒度为 0.3～1 μm）在水中的悬浮液。Al_2O_3 为白色透明，用于粗抛和精抛。MgO 为白色，适用于铝、镁及其合金等软性材料的最后精抛。Cr_2O_3 为绿色，具有很高的硬度，适用于淬火后的合金钢、高速钢以及钛合金的抛光。

机械抛光时，将试样磨面均匀地压在旋转的抛光盘上（一般先轻后重）并沿盘的边缘到中心不断做径向往复移动,抛光时间一般为 2～5 min。抛光后的试样表面应看不出任何磨痕而呈光亮的镜面。抛光时间不宜过长,压力也不可过大,否则将会产生紊乱层而导致组织分析得出错误的结论。抛光结束后用水冲洗试样并用棉花擦干或吹风机吹干,若只需观察金属中的各种夹杂物或铸铁中的石墨形状,则可将试样直接置于金相显微镜下观察。

5. 显微组织显示

经抛光后的试样磨面,如果直接放在金相显微镜下观察,则所能看到的只是一片亮光。除某些夹杂物或少量粗划痕外,无法辨别各种组织的组成物及其形态特征。因此,必须使用浸蚀剂对试样表面进行特定处理,才能清楚地显示出显微组织。金相显微组织显示方法有光学法、浸蚀法和干涉层法。

最常用的金相显微组织显示方法是化学浸蚀法。化学浸蚀法的主要原理是利用浸蚀剂对试样表面进行化学溶解作用或电化学作用来显示金属的组织。浸蚀剂的选择则取决于组织中组成相的性质和数量。浸蚀操作可采用浸入法、擦拭法或滴拭法。浸入法是将试样抛光面向下浸入盛有浸蚀剂的培养皿中,不断摆动;擦拭法是用竹夹夹持吸满浸蚀剂的脱脂棉球或手持棉棒擦拭抛光面(抛光面应适当倾斜);滴拭法是用滴管吸取适量的浸蚀剂,滴在抛光面上,同时试样抛光面适当倾斜并不断转动,使得浸蚀均匀。浸蚀时间要适当,一般使试样磨面发暗时就终止浸蚀,并立即使用清水冲洗抛光面。随后,立即用无水酒精脱水,最后用吹风机斜向吹干试样表面。如果浸蚀不足,可重复浸蚀,浸蚀完毕后立即用清水冲洗,然后用棉花沾上酒精擦拭磨面并吹干,即可在显微镜下进行组织观察和分析研究。

【实验仪器和材料】

1. 实验仪器

金相显微镜、抛光机、砂轮机、吹风机、竹夹子和培养皿。本实验使用的是麦克奥迪 AE2000Met 卧式金相显微镜(图 2.5.2)。

2. 实验材料

金相试样(纯铁、球磨铸铁、20 钢若干)、玻璃板、各号金相砂纸、抛光布、抛光膏、脱脂棉、酒精、3%～5% 硝酸酒精浸蚀剂等。

【实验内容和步骤】

(1) 使用金相砂纸按照先粗后细,依顺序对试样进行磨制。

(2) 在抛光机上进行抛光,获得光亮镜面。

(3) 用浸蚀剂浸蚀试样磨面。

(4) 利用金相显微镜对所制作的金相试样进行观察。

【数据分析及处理】

(1) 简述金相组织分析原理及金相试样的制备过程。

(2) 绘制试样的显微组织,经指导教师审核同意后,在图下注明试样的各项要素:① 名称;② 化学成分;③ 加工过程;④ 浸蚀剂;⑤ 放大倍数。

【实验注意事项】

（1）使用显微镜前必须保证手、试样干燥整洁，不得残留有水、浸蚀剂、抛光膏等。

（2）金相显微镜操作时要细心，动作要轻缓。使用完毕，关闭电源，将金相显微镜恢复到使用前状态。

（3）实验完毕，经指导教师检查无误后，方可离开实验室。

【实验报告要求】

（1）简述金相试样的制备过程，并绘制金相组织图。

（2）分析试样制备过程中出现假象的原因以及如何制备出高质量的金相试样。

（3）总结实验中存在的问题。

【思考题】

（1）金相试样的制备主要有哪几个步骤？

（2）金相试样在什么情况下需要镶样？常用的镶样方法有哪几种？各有什么特点？

（3）制备好的金相试样怎样保护？

（4）光学金相显微镜在研究金相组织特征中的主要优缺点是什么？

实验 3　位错的观察实验

位错是晶体中普遍存在的一种线缺陷，它对晶体的生长、相变、塑性变形、断裂以及其他物理、化学性质具有重要影响。位错理论是现代物理冶金和材料科学的基础，因此对晶体中位错的观察和研究目前得到了广泛的重视。

【实验目的】

（1）初步掌握用浸蚀法观察位错的实验技术。

（2）学会计算位错密度的方法。

【实验原理】

位错是点阵中的一种缺陷，在位错线周围几个原子距离内的原子，不同程度地失去排列的规律性，即晶格发生畸变。当位错线与晶体表面相交时，交点附近的点阵将因位错的存在而发生畸变。处在位错线附近的原子具有较高的能量，处于非平衡状态。同时，位错线附近又利于杂质原子的聚集。因此，位错线附近的腐蚀速率会比基体更快一些。在适当的浸蚀条件下，会在位错的表面露头处，产生较深的腐蚀坑，称为位错蚀坑，如图3.3.1所示。借助金相显微镜可以观察晶体中位错的分布。

注意并不是得到的所有蚀坑都是位错的反映，为了说明它是位错，还必须证明蚀坑和位错的一一对应关系。位错的蚀坑与一般夹杂物的蚀坑或者由于试样磨制不当产生的麻点相比有不同的形态,夹杂物的蚀坑或麻点呈不规则形态,而位错的蚀坑具有规则的外形,如三角形、正方形等,且常呈有规律的分布,如很多位错在同一滑移面排列起来或者以其他形式分布。此外,在台阶、夹杂物等缺陷处形成的是平底蚀坑,也很容易地与位错露头处的尖底蚀坑相区别。为了证明蚀坑与位错的一一对应关系,可将晶体制成薄片,若在两个相对的表面上形成几乎一致的蚀坑,便说明蚀坑即位错。

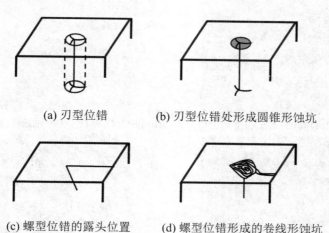

(a) 刃型位错　　　　(b) 刃型位错处形成圆锥形蚀坑

(c) 螺型位错的露头位置　　(d) 螺型位错形成的卷线形蚀坑

图 3.3.1　在晶体表面露头处位错蚀坑的形成

(a)刃型位错,包围位错的圆柱区域与其周围的晶体具有不同的物理和化学性质;(b)缺陷区域的原子优先逸出,导致刃型位错处形成圆锥形蚀坑;(c)螺型位错的露头位置;(d)螺型位错形成的卷线形蚀坑,这种蚀坑的形成过程与晶体的生长机制相反

位错蚀坑的形状与晶体表面的晶面有关。本实验观察所用的硅单晶及其他立方晶体中的位错在各种晶面上蚀坑的几种特征如图 3.3.2 所示。对于立方晶系的晶体,观察面为{111}晶面时,位错蚀坑呈正三角形漏斗状;在{110}晶面上的位错蚀坑呈矩形漏斗状;在{100}晶面上的

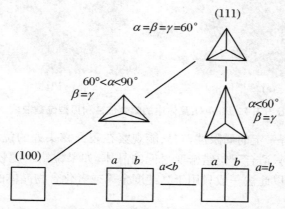

图 3.3.2　立方晶体中位错蚀坑形状与晶体表面晶向的关系

位错蚀坑则是正方形漏斗状;若位错线平行于观察面则无位错蚀坑。因此,按位错蚀坑在晶面上的几何形状,可以反推出观察面是何晶面,并且按蚀坑在晶体表面上的几何形状对称程度,还可判断位错线与观察面(晶面)之间的夹角,通常是$10°\sim90°$。不同观察面上具有不同形状的蚀坑,主要是因为被浸蚀的晶体总趋于以表面能量最低的密排面作为外露面。图3.3.3为$PbMoO_4$、单晶硅和$ZnWO_4$晶体在不同晶面上的位错蚀坑。

(a) $PbMoO_4$(001)面上的位错蚀坑

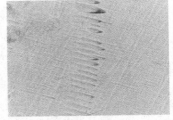

(b) $PbMoO_4$垂直于(001)面的位错蚀坑

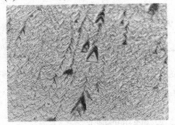

(c) 单晶硅(111)晶面上的位错蚀坑

(d) $ZnWO_4$晶体(010)晶面上的位错蚀坑

图3.3.3　不同晶面上的位错蚀坑

位错蚀坑的侧面形貌与位错类型有关。蚀坑侧面光滑平整时是刃型位错;蚀坑侧面出现螺旋线时,是螺型位错。图3.3.4为$PbMoO_4$晶体中的螺型位错和刃型位错蚀坑。

(a) 螺型位错

(b) 刃型位错

图3.3.4　$PbMoO_4$晶体中的螺型位错和刃型位错蚀坑

利用蚀坑观察位错有一定的局限性,它只能观察在表面露头处的位错,而晶体内部位错却无法显示。此外,浸蚀法只适合于位错密度很低的晶体,如果位错密度较高,蚀坑互相重叠,就难以把它们彼此分开,所以此法一般只用于高纯度金属或者化合物晶体的位错观察。

【实验仪器和材料】

1. 实验仪器

金相显微镜(带测微目镜,本实验使用的是麦克奥迪 AE2000Met 卧式金相显微镜,实物图见图 2.5.2)、切片机、单晶硅专用磨片机、超声清洗器。

2. 实验材料

单晶硅、丙酮、铬酸腐蚀液(CrO_3(50 g) + H_2O(100 mL) + HF(80 mL))、抛光液(V_{HF} : V_{HNO_3} =1:3)。

【实验内容和步骤】

1. 浸蚀法观察位错

通常依次按照切片→研磨试样→清洗→化学抛光→浸蚀→观察几个步骤进行。具体步骤如下:

(1) 切片。用切片机沿待观察的晶面切开单晶硅棒,制成试样。

(2) 研磨试样。右手握住试样,左手掀住玻璃片,依次用 300 ♯、302 ♯金刚砂进行研磨,每道工序完毕后用水冲洗。

(3) 清洗。用丙酮或洗涤剂擦洗待观察表面,去除表面油污,然后用清水冲洗。

(4) 化学抛光。化学抛光的目的是清洁表面并使其平整光亮。抛光处理时温度为 18~23 ℃,时间为 1.5~4 min,操作时应将试样浸没在抛光液中,且不停地搅拌,隔一定时间取出后,立即用水冲洗,察看表面,反复几次,直到表面光亮为止。最后再用水冲洗干净。

(5) 浸蚀。配制浸蚀液($V_{铬酸腐蚀液}$: V_{HF} =1:1),并根据试样的大小,向蚀槽中倒入适量浸蚀液。放入抛光后的试样,在 15~20 ℃温度下浸蚀 5~30 min 即可取出。如果温度太低也可延长时间,取出试样后,用水充分冲洗并干燥。

(6) 观察。试样在干燥后即可在金相显微镜下观察。

2. 计算位错密度

利用测微目镜计算所观察试样的位错密度。单晶硅位错一般为环形线,位错线只能终止于晶体表面或界面上,用单位面积内所包含的露头数可计算出单晶硅试样中的位错密度,即

$$\rho = \frac{n}{S} \tag{3.3.1}$$

式中,ρ 为位错密度,单位为位错线露头数/cm^2;S 为观察视域的面积,单位为 cm^2;n 为 S 面积内位错线露头数。

【数据分析及处理】

(1) 依次观察试样后,画下蚀坑特征及其分布图像。

(2) 根据各试样观察面上具有不同形状(如三角形、正方形、矩形等)特征的位错蚀坑,判别观察面的晶面指数。

(3) 计算所观察试样的位错密度。

【实验注意事项】

（1）试样抛光和浸蚀，必须在通风橱内进行，并戴上橡皮手套和橡皮围身，以免由于 HF 和 HNO$_3$ 的强烈腐蚀性而损伤人体。

（2）浸蚀处理时，不要让试样露出液面。

【实验报告要求】

记录实验数据，完成数据分析及处理。

【思考题】

（1）如何根据蚀坑的特征确定位错的性质及蚀坑所在晶面的指数？

（2）位错密度的计算有何使用价值？本实验采用的计算方法有何局限性？

实验 4　铸铁显微组织的观察与分析

铸铁是一种铁碳合金，在机械制造业中应用很广泛。工业常用铸铁的成分（质量比）如下：C 2.5%～4.0%，Si 1.0%～3.0% 以及少量的 Mn、P、S 元素等。按铸铁中是否有石墨存在，铸铁分为灰口铸铁、白口铸铁和麻口铸铁。灰口铸铁是铸铁中使用得最多的一种。按石墨形态的不同，灰口铸铁可分为普通灰铸铁（灰铸铁）、球墨铸铁、蠕墨铸铁和可锻铸铁。此外，按铸铁中是否含有除常规元素以外的合金元素，还可把铸铁分成普通铸铁与合金铸铁，合金元素含量较高的铸铁也可叫特殊性能铸铁。

铸铁是工程上最常用的金属材料。虽然铸铁的强度较低、塑性和韧性较差，但其具有一系列优良性能，如良好的铸造性、耐磨性和切削加工性等，而且它的生产设备和工艺简单，价格低廉，因此铸铁在机械制造上有着广泛的应用。

【实验目的】

（1）了解灰铸铁、可锻铸铁、球墨铸铁和蠕墨铸铁的显微组织特征。

（2）学会利用铁碳金相图理解铸铁的显微组织。

【实验原理】

铸铁是工业上一种重要的基本金属材料，铸铁与钢的区别在化学成分上，铸铁的含碳量较高，碳在铸铁中除少量溶入金属基体外，大部以石墨或者渗碳体形式存在。因为石墨的形状、大小、分布及数量对铸铁的性能影响很大，所以对于铸铁金相组织的观察，首先要观察石墨特征，再观察基体。与基体金属不同，石墨没有反光能力，不需浸蚀即可清晰观察到石墨呈灰黑色。石墨的形态一般可分为三种：片状、团絮状、球状。基体组织要用硝酸酒精溶液、苦味酸酒精溶液等浸蚀剂浸蚀后才能进行观察。基体组织可分为三种：铁素体、铁素体＋珠光体、珠光体。基体中珠光体量越多,强度越高。

1. 灰铸铁

灰铸铁是应用最广的一种铸铁。它的化学成分(质量比)大致如下:C 2.5%～3.6%,Si 1.1%～2.5%,Mn 0.6%～1.2%,P≤0.3%,S≤0.15%。灰铸铁的组织是片状石墨分布在铁素体、铁素体+珠光体或珠光体的基体上。石墨的数量、形状、大小和分布对铸铁力学性能影响很大,因此灰铸铁金相标准对石墨进行了分类评级。灰铸铁石墨呈片状,按照《灰铸铁金相检验》(GB 7216—2023)可分为六种:A 型,片状均布;B 型,菊花状;C 型,块片状;D 型,枝晶状;E 型,枝晶片状;F 型,星状。石墨大小(用长度表示)分为八级,1 级最长,石墨长度大于 100 mm,8 级最短,石墨长度小于 1.5 mm。灰铸铁的基体组织分为三种,即铁素体、铁素体+珠光体、珠光体,如图 3.4.1～图 3.4.3 所示。

图 3.4.1　灰铸铁金相图
金相组织:铁素体 F 基体+片状石墨
放大倍数:500×
浸蚀剂:3%～5%硝酸酒精

图 3.4.2　灰铸铁金相图
金相组织:(铁素体 F+ 珠光体 P)基体+片状石墨
放大倍数:500×
浸蚀剂:3%～5%硝酸酒精

图 3.4.3　灰铸铁金相图
金相组织:珠光体 P 基体+片状石墨
放大倍数:500×
浸蚀剂:3%～5%硝酸酒精

2．可锻铸铁

可锻铸铁是由一定化学成分的铁液浇铸成白口坯件，再经退火而成的。与灰铸铁相比，可锻铸铁有较高的强度和较好的塑性，特别是低温冲击性能较好；耐磨性和减振性优于普通碳素钢；但铸造性能较灰铸铁差；切削性能则优于钢及球墨铸铁，而与灰铸铁接近。可锻铸铁广泛应用于生产汽车、拖拉机及建筑扣件等大批量的薄壁中小件。可锻铸铁一般分为三种：铁素体可锻铸铁（即黑心可锻铸铁）、珠光体可锻铸铁、白心可锻铸铁。

（1）铁素体可锻铸铁。坯件在非氧化性介质中进行石墨化退火而得到的组织，莱氏体皆分解，高韧性为其特点，广泛用于汽车、拖拉机、建筑水暖管件的制造等。金相组织为铁素体＋团絮状石墨，其断口呈灰黑色。退火过程中炉气的氧化作用使铸件表面有一层脱碳层而发白，故又称黑心可锻铸铁。典型金相组织如图3.4.4所示。

（2）珠光体可锻铸铁。坯件在非氧化性介质中进行石墨化，只有莱氏体分解而得到的组织，高强度为其特点，用于生产汽车发动机曲轴、连杆等强度较高和耐磨性较好的零件。珠光体可锻铸铁的石墨组织与铁素体可锻铸铁的相同，基体组织由于热处理工艺不同而分为片状珠光体（图3.4.5）和粒状珠光体。

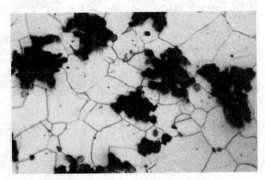

图 3.4.4　可锻铸铁金相图
金相组织：铁素体 F 基体＋团絮状石墨
放大倍数：500×
浸蚀剂：3%～5%硝酸酒精

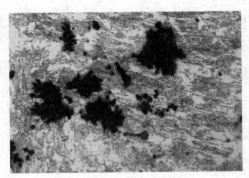

图 3.4.5　可锻铸铁金相图
金相组织：珠光体 P 基体＋团絮状石墨
放大倍数：500×
浸蚀剂：3%～5%硝酸酒精

（3）白心可锻铸铁。坯件在氧化性介质中进行脱碳退火，组织极不均匀，表层仅有铁素体基体无石墨，由表及里，退火石墨逐步增加。这种铸件的断口呈白色，故称为白心可锻铸铁，其主要特点是具有可焊性，在欧洲至今仍有应用。

3．球墨铸铁

球墨铸铁是指铁液经过球化处理（而不是经过热处理），使石墨大部分或全部呈球状，有时少量为团状等形态的铸铁，如图3.4.6和图3.4.7所示。加入球化剂，使石墨形成紧密包含物，其割裂基体作用大大削弱，韧性、强度明显提高，其综合性能接近于钢，在实际使用中可以用球墨铸铁代替钢材制造某些重要零部件，如汽车发动机（柴油机、汽油机）的曲轴、缸体、缸套等。球墨铸铁中允许出现球状及少量非球状石墨，如团状、团絮状、蠕虫状石墨。

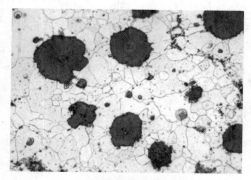

图 3.4.6　球墨铸铁金相图
金相组织:铁素体 F 基体 + 球状石墨
放大倍数:500×
浸蚀剂:3%～5%硝酸酒精

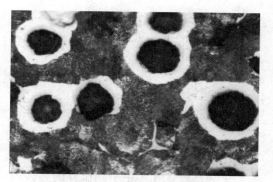

图 3.4.7　球墨铸铁金相图
金相组织:(铁素体 F + 珠光体 P)基体 + 球状石墨
放大倍数:500×
浸蚀剂:3%～5%硝酸酒精

4. 蠕墨铸铁

蠕墨铸铁是近三十年来迅速发展起来的一种新型铸铁材料。由于其石墨大部分呈蠕虫状,间有少量球状,故其组织和性能处于球墨铸铁和灰铸铁之间,具有良好的综合性能。蠕墨铸铁的铸造性能比球墨铸铁好,与灰铸铁接近,因此形状复杂的铸件也能用蠕墨铸铁制造。

蠕墨铸铁的石墨处于蠕虫状和球状石墨共存的混合形态,如图 3.4.8 所示。蠕虫状石墨长与宽的比值较片状石墨小,一般为 2～10,其侧面高低不平,端部钝,互不相连。蠕墨铸铁根据单铸试块的抗拉强度分为珠光体基体的 RuT420,RuT380,珠光体 + 铁素体基体的 RuT340,RuT300,铁素体基体的 RuT260 五种牌号。对于要求强度、硬度和耐磨性较高的零件,宜用珠光体基体蠕墨铸铁;对于要求塑韧性、导热性和耐热疲劳性能较好的铸件,宜用铁素体基体蠕墨铸铁;介于二者之间的则用混合基体。

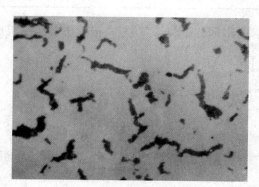

图 3.4.8　蠕墨铸铁金相图
金相组织:铁素体 F 基体 + (蠕虫状 + 球状)石墨
放大倍数:500×
浸蚀剂:3%～5%硝酸酒精

【实验仪器和材料】

1．实验仪器

金相显微镜。本实验使用的是麦克奥迪 AE2000Met 卧式金相显微镜（图 2.5.2）。

2．实验材料

灰铸铁试样、可锻铸铁试样、球墨铸铁试样、蠕墨铸铁试样。

【实验内容和步骤】

（1）观察表 3.4.1 中所列试样的显微组织。

表 3.4.1　实验所观察试样

编号	试样名称	处理状态	浸蚀条件
1	灰铸铁（F 基体）	铸态	未浸蚀、4%硝酸酒精
2	灰铸铁（P 基体）	铸态	4%硝酸酒精
3	灰铸铁（P＋F 基体）	铸态	4%硝酸酒精
4	可锻铸铁（F 基体）	铸态	未浸蚀、4%硝酸酒精
5	可锻铸铁（P 基体）	铸态	4%硝酸酒精
6	球墨铸铁（F 基体）	铸态	未浸蚀、4%硝酸酒精
7	球墨铸铁（P 基体）	铸态	4%硝酸酒精
8	球墨铸铁（P＋F 基体）	铸态	4%硝酸酒精
9	蠕墨铸铁（F 基体）	铸态	未浸蚀、4%硝酸酒精

（2）根据指导教师要求画出部分组织示意图，并描绘出各组织组成物的形态特征。

【数据分析及处理】

观察试样的金相图，并简单描述各组织组成及形态特征。

【实验注意事项】

（1）观察时，试样及手要洗净擦干，试样不得接触镜头；调节焦距时，应当先调整到较低位置，观察时再从下往上调。

（2）禁止手接触镜头，若有灰尘，不可用口吹或手擦，要用专用镜头纸或专用小毛刷擦净。

【实验报告要求】

（1）绘制所观察的各种铸铁的金相图。

（2）注明试样名称、状态、放大倍数、各组织组成及形态特征等，如图 3.4.9 所示。

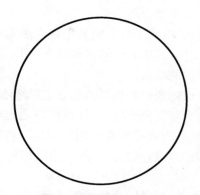

图 3.4.9　试样金相图

试样名称：

状态：

放大倍数：

浸蚀条件：

各组织组成及形态特征：

【思考题】

（1）各种石墨形态有何特点？对性能有何影响？

（2）如何得到不同形态的石墨？

实验 5　步冷曲线法绘制二元合金相图

相图是材料科学的基础内容，在材料工程中有重要意义，其应用领域主要有：① 研制、开发新材料，确定材料成分；② 利用相图确定材料生产和处理工艺；③ 利用相图分析平衡态的组织和推断非平衡态可能的组织变化；④ 利用相图与性能关系预测材料性能；⑤ 利用相图进行材料生产过程中的故障分析。因此，对材料工作者来说，相图是一种不可缺少的重要工具，要很好地掌握。

【实验目的】

（1）掌握步冷曲线法（热分析法）绘制二元合金相图的原理及方法。

（2）了解纯物质与混合物步冷曲线的区别并掌握相变点温度的确定方法。

（3）学会金属相图实验数据的采集、步冷曲线的绘制、相图曲线的绘制。

【实验原理】

金属材料的组织由数量、形态、大小和分布方式不同的各种相组成。由一个相所组成的组织叫单相组织，由两个或两个以上的相组成的组织叫两相或多相组织。材料中相的状态是研究组织的基础。

金属或其他材料内部相的状态由其成分和所处温度来决定。相图就是用来表示材料相的状态和温度及成分关系的综合图形,其所表示的相的状态是平衡状态,因而是在一定温度、成分条件下热力学最稳定、自由焓最低的状态。

到目前为止,实际金属材料或陶瓷材料相图的建立主要是依靠实验的方法。当系统中发生相变时,各种性质的变化或多或少带有突变性,这样就可以通过测量材料的性质来确定其相变临界点。这也是用实验方法测定临界点并构成相图的依据。将这些相变临界点描绘在温度与成分的坐标图纸上,把意义相同的各点连接起来,即可绘出相图。可见,相图的建立过程就是相变临界点的测定过程。

测定相图常用的物理方法有热分析法、金相组织法、X射线分析法、硬度法、电阻法、热膨胀法、磁性法等。为了使测量结果更精确,通常同时采用几种方法配合使用,以充分利用每一种方法的优点。热分析法就是测定合金的冷却(或加热)曲线的方法,亦称步冷曲线法,是一种最常用也是最基本的测定相图方法。它是利用金属及合金在加热和冷却过程中发生相变时,潜热的释出或吸收及热容的突变,得到金属或合金中相转变温度的方法。

将金属加热至熔点以上并熔化成均匀液态后,逐渐降低温度。在降温过程中,每隔一定时间记录一次温度。将所记录的一系列温度及时间数据绘制成温度-时间曲线,即为步冷曲线(冷却曲线),具有如图3.5.1所示的形式。步冷曲线是步冷曲线法绘制凝聚体系相图的重要依据。步冷曲线上的平台和转折点表征某一温度下发生相变的信息,据此可绘制出二元合金相图。

在系统中没有转变发生,只有均匀冷却时,得到一条光滑曲线,如图3.5.1中的曲线 a;在有结晶发生时,放出潜热,引起步冷曲线变化,当潜热释放与散热相抵消时,则停止降温,在步冷曲线上出现水平段,如曲线 b 表示纯金属结晶或二元合金中发生某些三相反应转变时的情况;当放出潜热不足以抵消散热,仅使降温减慢,则引起步冷曲线的转折,如曲线 c;在某些合金系统中也可出现曲线转折和水平段的综合情况,如曲线 d,转折点和水平段对应的温度或温度范围就是合金在冷却中发生转变的温度或温度范围。对于每个合金都可通过步冷曲线测出其结晶或转变的临界点,将不同成分合金的临界点画在温度-成分图上,连接具有相同转变特性的临界点,即可得到 A-B 合金的相图。图3.5.2给出了最简单的 Cd-Bi 二元合金相图。

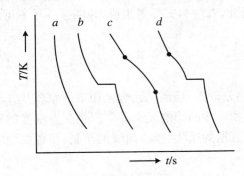

图 3.5.1　典型步冷曲线

用步冷曲线法测绘相图时,被测体系要时时处于或接近相平衡状态,因此必须保证冷却速

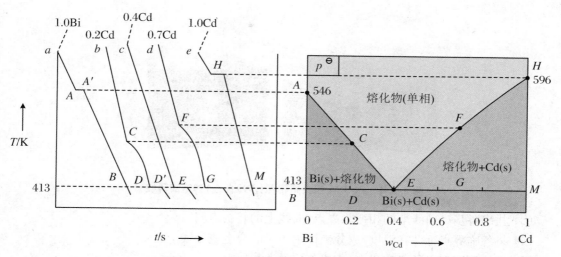

图 3.5.2　步冷曲线法测 Cd-Bi 二元合金相图

率足够慢才能得到较好的效果。此外,在冷却过程中一个新的固相出现以前,常常发生过冷现象,轻微过冷则有利于测量相变温度;但严重过冷现象,却会使转折点发生起伏,使相变温度的确定变得困难(图 3.5.3)。遇此情况时,可延长 dc 线与 ab 线相交,交点 e 即为转折点。

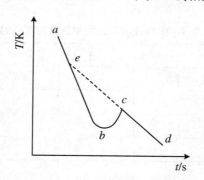

图 3.5.3　严重过冷现象时的步冷曲线

【实验仪器和材料】

1. 实验仪器

JX-3DA 型金属相图(步冷曲线)测定实验装置(图 3.5.4)。

2. 实验材料

Sn-Bi 合金试样一套。

【实验内容和步骤】

(1) 熔化合金。将一系列不同成分的合金加热至熔点以上 50 ℃左右。

(2) 对于熔化后的合金,在缓慢冷却的条件下,分别测出它们的步冷曲线。

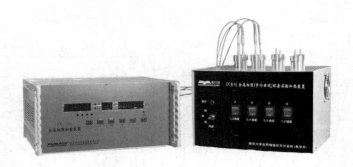

图 3.5.4　JX-3DA 型金属相图(步冷曲线)测定实验装置

(3) 找出各步冷曲线上的相变临界点(曲线上的转折点)。

(4) 将各临界点标注在温度-成分坐标中相应的合金成分线上。

(5) 连接相同意义的各临界点,作出相应的曲线。

【数据分析及处理】

(1) 设计表格(表 3.5.1)记录各试样的步冷曲线数据,并根据所测数据,绘出相应温度-时间(T-t)的步冷曲线。

表 3.5.1　试样在冷却过程中温度随时间的变化

时间/min	试 样 温 度/℃					
	1#	2#	3#	4#	5#	6#
0						
1						
2						
3						
4						
…						

(2) 找出各步冷曲线中转折点和平台对应的温度值,完成表 3.5.2。

表 3.5.2　临界点的温度值

样品组成 w(Sn)					
开始析晶 T/℃					
全部凝固 T/℃					

(3) 以温度为纵坐标,以成分为横坐标,绘出 Sn-Bi 二元合金相图。从相图中找出低共熔点的温度和低共熔混合物的成分。

【实验注意事项】

（1）实验中要注意控制冷却的速率。

（2）冷却时间要充分，直到温度下降到步冷曲线水平部分以下为止。

（3）合金有两个转折点，要待第二个转折点测完后方可停止实验；否则，需重新测定。

【实验报告要求】

（1）将试样在冷却过程中温度随时间的变化数据记录于表 3.5.1 中。

（2）根据表 3.5.1 记录的数据，绘出所测合金的步冷曲线，并注明合金成分，确定发生转折和停顿时的临界点，将其温度值填入表 3.5.2 中。

（3）根据各种成分合金的临界点，按比例绘出 Sn-Bi 二元合金相图。

（4）对实验结果进行分析和总结。

【思考题】

（1）金属试样的步冷曲线为什么会出现转折点或水平段？对于不同成分试样的步冷曲线，其水平段有什么不同？

（2）加热曲线是否也可以作相图？

实验 6　二元合金显微组织的观察和分析

　　研究合金的显微组织时，常根据该合金的相图，分析其凝固过程，从而得知合金缓慢冷却后应具有的显微组织。显微组织是指各组成物的本质、形态、大小、数量和分布特征。组织特征不同，即使组成物的本质相同，合金的性能也不一样。因此，分析二元合金相图及典型合金的平衡组织有着重要的理论和实际意义。

【实验目的】

（1）运用二元合金相图，分析相图中典型组织的形成。

（2）熟悉典型共晶合金的显微组织特征。

（3）了解二元合金的非平衡凝固组织，掌握其组织特征及其与平衡组织的差别。

【实验原理】

　　两相或多相合金的组织中，数量较多的一相称为基体相，大多是以金属为溶剂的固溶体。其余的相可以是以合金的另一组元为基体形成的固溶体或另一组元的纯金属，也可以是合金各组元形成的化合物或以化合物为溶剂的固溶体。合金的相组成说明合金有几种相和由哪几种相组成。合金的显微组织分析就是进一步分析相的组成、分布和形态，即研究各相的生成条件、数量、形状、大小以及它们之间的相互分布状态及关系。

具有共晶反应的二元合金系有 Pb-Sn，Pb-Sb，Al-Si，Ag-Cu，Pb-Bi 等。根据合金在相图中的位置，可分为端部固溶体合金、共晶合金、亚共晶合金和过共晶合金等来研究其显微组织特征。

1. 端部固溶体合金

端部固溶体合金位于相图两端。如 Pb-Sn 相图中 Sn 的质量分数小于 19% 的合金（合金 Ⅰ），见图 3.6.1。这类合金慢冷凝固结束后会形成单相固溶体 α，继续冷却到固溶度曲线以下，将析出二次相 β 固溶体，用 β_{II} 表示。二次相通常优先沿初生 α 相的晶界或晶内的缺陷处析出，故合金中的二次相常呈粒状或小条状分布在 α 固溶体的晶内和晶界处。图 3.6.2 为含 Sn 10% 的 Pb-Sn 合金的显微组织，其中黑色的基体为 α 相，白色颗粒为 β_{II} 相。

2. 共晶合金

含 Sn 61.9% 的合金为共晶合金（图 3.6.1 中合金 Ⅱ）。当从液态缓慢冷却到 183 ℃ 时，从液相中同时结晶出两个成分不同的固相，即发生共晶转变 $L_E \rightarrow \alpha_M + \beta_N$。这一过程在恒温下进行，直到液相完全消失为止。所得到的共晶组织由 α_M 和 β_N 两个固溶体组成。继续冷却时，将从 α 和 β 相中分别析出 β_{II} 和 α_{II}。由于从共晶体中析出的次生相常与共晶体中的同类混在一起，很难分辨，这样，在结晶过程全部结束时将获得非常细密的两相机械混合物。该共晶合金的显微组织如图 3.6.3 所示。

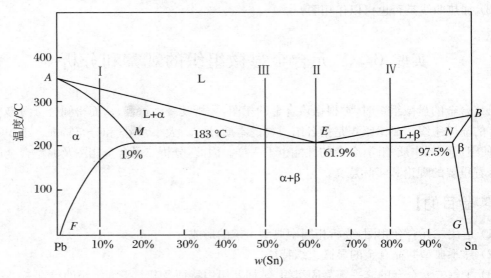

图 3.6.1　Pb-Sn 相图

3. 亚共晶合金

凡成分位于共晶点 E 以左、M 点以右的合金（图 3.6.1 中的合金 Ⅲ）叫亚共晶合金。合金 Ⅲ 熔化后在液相线与固相线之间缓慢冷却时，不断地从液相中结晶出 α 固溶体。随着温度的下降，液相成分沿液相线 AE 变化，逐渐趋向于 E 点；α 相的成分沿固相线 AM 变化，并逐渐趋向于 M 点。当温度降到共晶温度时，α 相和剩余液相的成分将分别到达 M 点和 E 点。这时，成分为 E 点的液相发生前述的共晶转变，直到剩余液相全部转变为共晶组织为止。这时，亚共晶

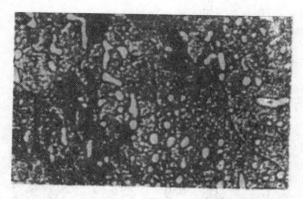

图 3.6.2　含 Sn 10% 的 Pb-Sn 合金的显微组织

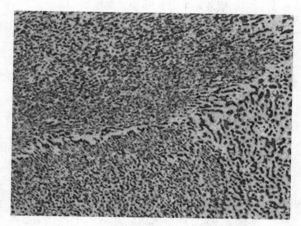

图 3.6.3　Pb-Sn 共晶合金的显微组织

合金的组织由先共晶 α 相和共晶体 (α+β) 所组成。在共晶温度以下继续冷却的过程中,将分别从 α 和 β 相中析出 β_{II} 和 α_{II}。在显微镜下,在先共晶 α 相晶内或晶界上可能观察到 β_{II},共晶组织中析出的 β_{II} 和 α_{II} 一般不易辨认。因此,亚共晶最后室温下组织为共晶 $\alpha_{初}$ + β_{II} + (α+β) 三种。如图 3.6.4 所示,黑色的块状部分为 $\alpha_{初}$,在其上的白色颗粒为 β_{II},而黑白相间的部分为共晶体 (α+β)。

4. 过共晶合金

凡成分位于共晶点 E 以右、N 点以左的合金 (图 3.6.1 中的合金 Ⅳ) 叫过共晶合金。这类合金的结晶过程类似于亚共晶合金,所不同的是,先共晶相不是 α,而是 β 固溶体。室温时的组织为 $\beta_{初}$ + α_{II} + (α+β)。如图 3.6.5 所示,其中白色部分为 $\beta_{初}$,黑白相间部分为共晶体 (α+β)。

5. 离异共晶

靠近相图上的 M 点和 N 点成分的合金,由于初生相较多,发生共晶转变时,液相的量已所剩不多,且呈壳状分布在初生相的周围。此时,共晶转变过程中的某一个相不再形核,而是在初生相上成长。同时析出的另一个相被排挤到晶界上,使得共晶组织形态特征消失,这种现象称为离异共晶 (图 3.6.6)。

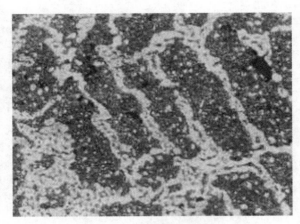

图 3.6.4　Pb-Sn 亚共晶组织

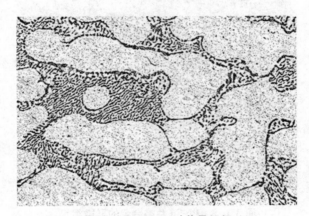

图 3.6.5　Pb-Sn 过共晶组织

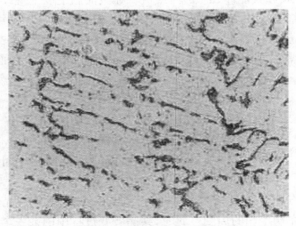

图 3.6.6　Pb-Sn 二元离异共晶(从左侧靠近 N 点)

【实验仪器和材料】

1. 实验仪器

金相显微镜。本实验使用的是麦克奥迪 AE2000Met 卧式金相显微镜(图 2.5.2)。

2. 实验材料

Pb-Sn 合金的典型试样。

【实验内容和步骤】

(1) 介绍 Pb-Sn 相图。

(2) 分析不同成分合金的平衡凝固过程、室温组织组成物和相组成物及其应有的组织形貌。

【数据分析及处理】

(1) 观察合金的组织特征,绘出示意图,注明各组成物。

(2) 分析组织与成分的变化规律。

【实验注意事项】

(1) 不能用手触摸试样的观察面,如有尘埃等脏物不能随意擦拭,也不能用嘴吹,要用洗耳球吹除或用无水酒精冲洗并干燥。

(2) 试样观察完毕后要放入干燥皿中保存。

【实验报告要求】

(1) 画出所观察到的合金显微组织示意图,并加以注解。

(2) 结合相图分析典型合金组织的形成过程。

(3) 总结二元合金相图中不同成分典型合金的组织变化规律。

实验 7　冷变形金属的再结晶组织观察与分析

冷变形金属的再结晶是指将冷变形金属加热到一定温度时,通过形成新的等轴晶粒而逐步取代变形晶粒的过程。再结晶是一个光学显微组织完全改变的过程,随着保温时间的延长,新等轴晶粒数量及尺寸不断增加,当原变形晶粒全部消失时,再结晶过程就结束了。再结晶完成后,组织形态及晶粒大小与金属性能直接相关。因此,我们掌握再结晶过程的有关规律是非常有必要的。

【实验目的】

(1) 了解冷变形金属的再结晶组织特征。

（2）研究变形度对冷变形金属再结晶退火后晶粒大小的影响。

【实验原理】

在实际应用中常常关心再结晶后的晶粒大小，并通过控制变形度、退火温度和时间来获得所希望的晶粒大小。

1. 再结晶退火温度的影响

再结晶退火温度对刚完成再结晶时的晶粒大小影响较小，但是提高再结晶退火温度可使再结晶速度加快，临界变形度减小（图3.7.1）。若再结晶过程已完成，随后还有一个很明显的晶粒长大阶段，则温度越高晶粒越大。

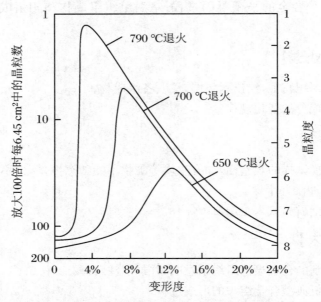

图 3.7.1　低碳钢（含碳 0.06%）变形度及退火温度对再结晶后晶粒大小的影响

2. 变形度对再结晶后晶粒大小的影响

变形度是影响再结晶退火后晶粒大小的最重要因素。在一定条件下，变形度越大，则晶粒越小。金属的冷变形度与再结晶后晶粒大小的关系如图3.7.2所示。由图可见，当变形度很小时不发生再结晶，晶粒尺寸即为原始晶粒的尺寸。当变形度增加到一定数值后，此时的畸变能刚能驱动再结晶的进行，但由于变形度不大，形核率 N 与长大速度 G 的比值（N/G）很小，因此再结晶后的晶粒特别粗大，此时的变形度称为临界变形度。对于要求细晶粒的情况，应避免在此变形度下进行加工。当变形度继续增大后，驱动形核与长大的储存能不断增加，而且形核率 N 增大速度较快，使 N/G 变大，因此再结晶后晶粒细化，且变形度越大，晶粒越细小。一般金属的临界变形度在 2%～10%，铝、镁为 2%～3%，铁为 5%～6%，钢为 5%～10%，铜及黄铜约为 5%。图 3.7.3 为不同冷变形度的纯铝片试样再结晶后的显微组织照片。

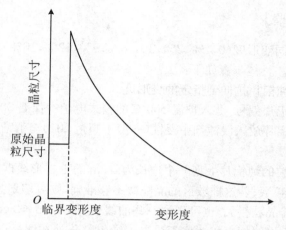

图 3.7.2　冷变形度与再结晶后晶粒大小的关系

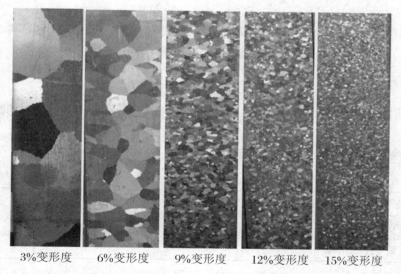

| 3%变形度 | 6%变形度 | 9%变形度 | 12%变形度 | 15%变形度 |

图 3.7.3　不同冷变形度的纯铝片试样再结晶后的显微组织照片

【实验仪器和材料】

1. 实验仪器

金相显微镜、拉伸机、热处理炉、划针、游标卡尺、直尺、打号工具及榔头等。本实验使用的是麦克奥迪 MV200Met 金相显微镜。

2. 实验材料

20 mm×100 mm 纯铝片若干、浸蚀剂（$V_{HF} : V_{HNO_3} : V_{HCl} : V_{H_2O} = 15 : 15 : 45 : 25$）。

【实验内容和步骤】

测定纯铝片经过不同变形度(0,1%,2%,3%,6%,9%,12%,16%)变形后在相同退火温度下再结晶后晶粒的大小。具体步骤如下:

(1) 小心缓慢地将纯铝片拉伸到指定的变形度。

(2) 将变形后的纯铝片编号,放入炉温600 ℃的箱式电炉中保温30 min后取出空冷。

(3) 将退火后的纯铝片放入浸蚀剂中浸蚀(一般不超过20 s)至清晰地显现出晶粒后用清水冲洗干净。

(4) 在已显示出晶粒的纯铝片上划一个边长为1 cm的正方形线框,数出其中的晶粒数,即为1个单位面积内的晶粒数;若这样数出的晶粒数不够准确,则可多划几个正方形线框,数出其中的晶粒数取平均值;若晶粒粗大,也可划大一些的线框,如1 cm×2 cm或2 cm×2 cm等,数出其中的晶粒数,然后除以线框面积。位于线框边缘仅部分处在线框内的晶粒,可以根据实际情况将几个不完整的晶粒合计为一个晶粒计入。然后取其倒数即为晶粒的面积值。将两项数据均填入记录表中。

实验中可将变形前和不同变形度的试样均浸蚀,观察比较变形前、变形后、再结晶后三种状态的试样晶粒。

【数据分析及处理】

绘制出纯铝片变形度与再结晶后晶粒大小的关系曲线,了解不同变形度对再结晶后晶粒大小的影响。

(1) 将晶粒测量数据填入表3.7.1中。

表 3.7.1　晶粒测量数据

变形度								
晶粒数/(/cm²)								
晶粒面积/cm²								

(2) 以变形度为横坐标,晶粒大小为纵坐标建立直角坐标系,根据实验数据绘制变形度与再结晶后晶粒大小的关系曲线。

【实验注意事项】

(1) 纯铝片使用前要在380 ℃下退火2 h。

(2) 拉伸纯铝片时,拉伸方向要平行于长度方向。

(3) 在纯铝片中部划出1 cm×1 cm线框时,测量、划线应力应准确。

【实验报告要求】

(1) 记录实验数据,绘制出变形度与晶粒大小的关系曲线,找出临界变形度。

(2) 绘出2%,6%和12%变形度纯铝片的再结晶后晶粒组织图,分析组织特征。

（3）试分析变形度对纯铝片再结晶后晶粒大小的影响。

【思考题】

（1）分析再结晶退火对冷变形后金属材料性能的影响。
（2）试分析影响实验结果准确性的因素。

实验 8　低碳钢的塑性变形分析

金属材料在加工制备过程中或是制成零部件后的工件运作中都要受到外力的作用。金属材料受力后要发生变形,当外力较小时产生弹性变形,外力较大时产生塑性变形,而外力过大时就会产生断裂。因此,研究金属材料受力过程中的变化规律,了解各种内外因素对变形的影响,具有十分重要的实际意义。金属拉伸实验是研究金属变形过程、测定金属材料力学性能的一个最基本、最方便的实验。

【实验目的】

（1）观察低碳钢在拉伸过程中的各种现象（包括屈服、强化和颈缩等现象）以及外力和变形间的关系。
（2）测定低碳钢的屈服极限 σ_s、强度极限 σ_b、延伸率 δ 和截面收缩率 ψ。
（3）观察断口,了解低碳钢材料的拉伸性能和破坏特点。
（4）掌握电子万能试验机的使用方法及工作原理。

【实验原理】

材料的拉伸实验是研究材料力学性能最基本的实验。通过拉伸实验,可以测定材料在常温、静载条件下的强度和塑性指标,了解材料的受力与变形的关系,为工程中评定材质、强度计算及合理设计提供科学依据。

金属材料拉伸实验测试所用的试件,应按照《金属材料拉伸试验 第 1 部分:室温试验方法》（GB/T 228.1—2021）中的规定准备。图 3.8.1 为圆形拉伸试件,其有关尺寸如表 3.8.1 所示。此外,试件的表面要求有一定的光洁度。光洁度对屈服点有影响。因此,试件表面不应有刻痕、切口、翘曲及淬火裂纹痕迹等。

表 3.8.1　圆形拉伸试件的尺寸

试件		标距 L_0/mm	试件平行长度的原始横截面面积 S_0/mm²	试件平行长度的直径 d_0/mm	延伸率符号
比例	长	$10d_0 = 11.3\sqrt{S_0}$	$\frac{1}{4}\pi d_0^2$	任意	δ_{10}
	短	$5d_0 = 5.65\sqrt{S_0}$	$\frac{1}{4}\pi d_0^2$	任意	δ_5

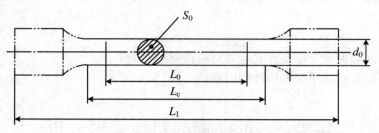

图 3.8.1　拉伸试件示意图

S_0：试件平行长度的原始横截面面积；d_0：试件平行长度的直径；L_0：试件
标距；L_c：试件平行长度；L_1：试件总长度

低碳钢是一种典型的塑性材料，试件在拉伸过程中依次经过弹性、屈服、强化和颈缩四个阶段，其中前三个阶段是均匀变形的。图 3.8.2 为万能试验机测试出的低碳钢的拉伸图。对于低碳钢试件，在比例极限内，力与变形成线性关系，拉伸图上是一段斜直线。试件开始受力时，头部在夹头内往往会有一点点滑动，故拉伸图最初一段是曲线。

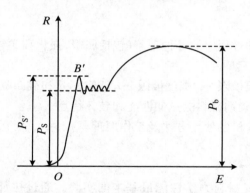

图 3.8.2　典型低碳钢拉伸图

低碳钢拉伸图上一段锯齿形线为低碳钢变形过程中的屈服阶段，出现上下两个屈服荷载。对应于 B' 点的为上屈服荷载。上屈服荷载受试件变形速度和表面加工的影响，而下屈服荷载则比较稳定，所以工程上均以下屈服荷载作为材料的屈服极限。屈服极限 σ_s 是表征材料力学性能的一个重要指标，可由拉伸图上的屈服荷载 P_S 和拉伸试件原始横截面面积 S_0 计算出，即

$$\sigma_S = \frac{P_S}{S_0} \tag{3.8.1}$$

当材料拉伸达到最大荷载 P_b 以前，在标距范围内的变形通常是均匀分布的。从最大荷载开始便产生局部伸长的颈缩现象。此时，试件截面急剧减小，继续拉伸所需的荷载也减小。实验时一旦达到最大荷载时，即把拉伸图上最高点所标示的示数定义为最大荷载 P_b。由此可以计算出试件的强度极限 σ_b：

$$\sigma_b = \frac{P_b}{S_0} \tag{3.8.2}$$

试件断裂后,可测量出断裂后的标距 L_u 和断口处的最小横截面面积 S_u,从而计算出材料的延伸率 δ 和截面收缩率 ψ,即

$$\delta = \frac{L_u - L_0}{L_0} \times 100\% \tag{3.8.3}$$

$$\psi = \frac{S_0 - S_u}{S_0} \times 100\% \tag{3.8.4}$$

如果断口不在试件标距中部的三分之一区段内,则按国家标准规定采用断口移中法来计算试件断裂后的标距 L_u。其具体方法如下:实验前先在试件的标距内,用刻线器将标距长度十等分。实验后将断裂的试件断口对齐,如图 3.8.3 所示,以断口 O 为起点,在长段上取基本等于短段的格数得 B 点。当长段所余格数为偶数时,则取所余格数的一半得 C 点,于是 $L_u = AB + 2BC$;当长段所余格数为奇数时,可在长段上取所余格数减 1 之半得 C 点,再取所余格数加 1 之半得 C_1 点,于是 $L_u = AB + BC + BC_1$。

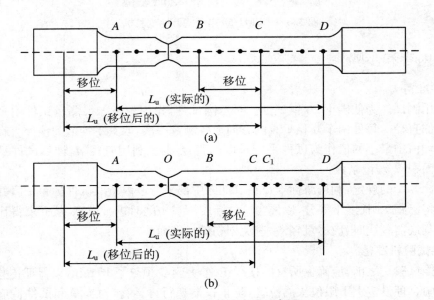

图 3.8.3　断口移中法示意图

当断口非常接近试件两端部,而与其端部的距离等于或小于直径的两倍时,需重做实验。

【实验仪器和材料】

1. 实验仪器

万能试验机(CMT-50 电子式万能试验机,如图 3.8.4 所示)、游标卡尺、钢尺、刻线器和记号笔等。

2. 实验材料

低碳钢 20 钢试件。

图 3.8.4   CMT-50 电子式万能试验机

【实验内容和步骤】

1. 试件准备

实验所用测试件为低碳钢 20 钢试件。对于圆试件,先用游标卡尺测量试件中平行部分的两端及中间的直径。每处两个互相垂直的方向上各测量一次,取其平均值为该处直径。用所测得的三个平均值中最小的值作为试件平行长度的直径 d_0。利用直径 d_0 计算试件平行长度的原始横截面面积 S_0。记录数据。

根据表 3.8.1 的规定,利用游标卡尺在试件的中部平行段内量取试件标距 L_0,并用刻线器(或记号笔)将标距 L_0 长度十等分,以便当试件断裂不在中间时进行换算,从而求得比较正确的延伸率。用刻线器刻线时,应尽量轻微,避免划伤试件表面。

2. 万能试验机准备

操作万能试验机之前,应确保所有的接线正确,并至少预热了 15 min,以保证传感器的稳定性。根据实验合理设定上下限位块的位置,防止仪器超行程运行,对夹具和试件造成损害。熟悉万能试验机的操作规程,估计拉伸实验所需的最大荷载 P_b,并根据 P_b 值设定试验机的相应参数。

3. 试件安装

移动夹头到适当位置,将试件放入电子式万能试验机中(放入过程应缓慢,以免损坏试件)夹紧。

4. 检查及试机

请教师检查以上准备情况。经教师许可后开动试验机,加少量荷载(勿使应力超过比例极限),检查试验机和绘图显示是否正常工作,然后卸载。

5. 进行实验

开动试验机,以慢速均匀加载,注意观察试件在拉伸过程中应力-应变曲线的变化和各种现象。试件断裂时,实验结束,对数据进行处理。关闭试验机,取下试件。将断裂的试件对齐并尽量靠紧,如图 3.8.5 所示,用游标卡尺测量断裂后的标距 L_u、断口处最小直径,计算出试件断裂后最小横截面面积 S_u。

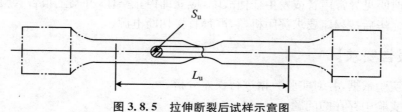

图 3.8.5　拉伸断裂后试样示意图

S_u:圆试件断后最小横截面面积;L_u:圆试件断裂后标距

6. 结束实验

在试验机的控制计算机上保存已测试好的拉伸图和数据,并请实验指导教师检查实验记录。清理实验现场,将试验机及有关工具复原。

【数据分析及处理】

(1) 记录与计算低碳钢试件拉伸前后尺寸数据,如表 3.8.2 和表 3.8.3 所示。

表 3.8.2　拉伸试件原始尺寸数据记录表

材料	试件标距 L_0/mm	试件平行长度的直径 d_0/mm									试件平行长度的原始横截面面积 S_0/mm²
		截面 I			截面 II			截面 III			
		1	2	平均值	1	2	平均值	1	2	平均值	
低碳钢											

表 3.8.3　拉伸断裂后试件尺寸数据记录表

材料	试件断裂后标距 L_u/mm	试件断口处最小直径 d_1/mm	试件断裂后最小横截面面积 S_u/mm²
低碳钢	1	1	
	2	2	
	平均值	平均值	

(2) 根据拉伸图,绘制出低碳钢应力-应变曲线图。

(3) 计算出低碳钢的屈服极限 σ_s、强度极限 σ_b、延伸率 δ 和截面收缩率 ψ。

【实验注意事项】

(1) 当按快速上升键或快速下降键时,不要将手放在移动横梁与固定的试件、夹具或试验装置之间,以免受伤。

(2) 严禁硬物碰撞升降丝杠。

(3) 注意检查夹具吊紧螺丝的紧固情况。

（4）上抬下拨夹具时动作要平稳,避免碰撞,经常检查夹具螺丝的松紧情况。

（5）打开夹具夹取试样时,注意试样的夹取距离,不可过多或过少。

（6）实验时听见异常声音或发生任何故障,应立即停止操作,并马上报告实验指导教师。

（7）操作完毕后按程序要求关闭机器,严禁直接切断电源。

【实验报告要求】

（1）整理实验数据,并对实验数据进行误差分析。

（2）总结实验中存在的问题。

【思考题】

（1）说明出现加工硬化和屈服的原因。

（2）用同样材料制成的长、短比例试件,其拉伸实验的屈服强度、延伸率、截面收缩率和强度极限都相同吗?

（3）什么条件下采用"断口移中"的方法? 怎样"移中"?

（4）20 钢拉伸试件端口有何特征?

第4章　学科综合实验

实验1　不同晶型 TiO_2 的合成及其物相分析

二氧化钛（TiO_2）是一种典型的 n 型半导体材料。晶粒尺寸为 1～100 nm 的 TiO_2 可称为纳米 TiO_2，其具有很高的化学稳定性、热稳定性、超亲水性和非迁移性等优点，广泛应用于抗紫外材料、纺织、光催化、自洁玻璃、涂料、油墨、食品包装材料、造纸工业、航天工业和锂电池等领域。

【实验目的】

（1）掌握溶胶-凝胶法合成纳米 TiO_2 前驱体的方法。

（2）了解退火温度对纳米 TiO_2 晶型的影响。

（3）学习使用 XRD 分析软件（Jade 或 Highscore）对样品物相进行分析。

【实验原理】

TiO_2 在自然界中存在三种晶体结构，即金红石型、锐钛矿型和板钛矿型，三种晶体结构如图 4.1.1 所示。

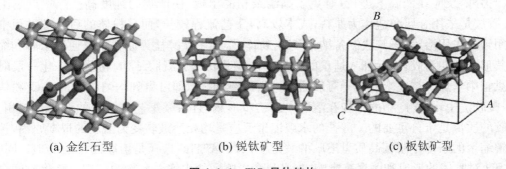

(a) 金红石型　　　　　　(b) 锐钛矿型　　　　　　(c) 板钛矿型

图 4.1.1　TiO_2 晶体结构

三种晶体结构的 TiO_2 均由相互连接的 $[TiO_6]$ 八面体组成，三者的差别在于八面体的畸变程度以及八面体间相互连接的方式不同。如图 4.1.2 所示，八面体以共边或者共顶点的方式连接。金红石型 TiO_2 中 2 个 TiO_2 分子构成 1 个晶胞，1 个八面体与紧邻的 8 个八面体共顶点连接,与另外 2 个八面体共边连接,晶格常数 $a=0.459$ nm,$c=0.296$ nm;锐钛矿型 TiO_2 中 1 个八面体与其紧邻的 4 个八面体共边连接,与另外 4 个八面体共顶点连接,其中 4 个 TiO_2 分子构成 1 个晶胞,晶格常数 $a=0.378$ nm,$c=0.949$ nm;板钛矿型 TiO_2 中 1 个晶胞由 6 个 TiO_2 分子组成,与另外两种晶体结构的 TiO_2 相比,板钛矿型 TiO_2 具有更大的扭曲程度。晶体结构的差异决定了金红石型、锐钛矿型和板钛矿型 TiO_2 的物理、化学性质以及应用领域不同。例如,金红石型 TiO_2 比锐钛矿型 TiO_2 稳定而致密,有较高的硬度、密度、介电常数和折射率,其遮盖力和着色力也较大;锐钛矿型 TiO_2 在可见光短波部分的反射率比金红石型 TiO_2 高,带蓝色色调,并且对紫外线的吸收能力比金红石型 TiO_2 低,光催化活性比金红石型高。三种晶体结构中金红石型 TiO_2 最稳定,而锐钛矿型和板钛矿型 TiO_2 会在加热处理过程中发生不可逆的放热反应,最终转变为金红石型 TiO_2。

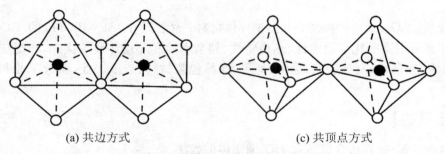

(a) 共边方式　　　　　　　　　　　(c) 共顶点方式

图 4.1.2　共边方式与共顶点方式

纳米 TiO_2 制备方法可归纳为物理法和物理化学综合法。物理法主要有机械粉碎法、惰性气体冷凝法、真空蒸发法、溅射法等;物理化学综合法可大致分为气相法和液相法。目前的工业化应用中,最常用的方法还是物理化学综合法。传统的方法不能或难以制备纳米级 TiO_2。溶胶-凝胶法是制备纳米粉体的一种重要方法。它具有独特的优点:反应中各组分的混合在分子间进行,因而产物的粒径小、均匀性高;反应过程易于控制,可得到一些用其他方法难以得到的产物。另外,反应在低温下进行,避免了高温杂相的出现,使产物的纯度高。但缺点是由于溶胶-凝胶法是采用金属醇盐作为原料,成本较高,工艺流程较长,而且粉体的后处理过程中易产生硬团聚。采用溶胶-凝胶法制备纳米 TiO_2 粉体,是利用钛醇盐为原料。先通过水解和缩聚反应使其形成透明溶胶,然后加入适量的去离子水使其转变成凝胶结构,将凝胶陈化一段时间后放入烘箱中干燥。待完全变成干凝胶后再进行研磨、煅烧,即可得到均匀的纳米 TiO_2 粉体。在溶胶-凝胶法中,最终产物的结构在溶液中已初步形成,且后续工艺与溶胶的性质直接相关,因而溶胶的质量是十分重要的。醇盐的水解缩聚反应是均相溶液转变为溶胶的根本原因,控制醇盐水解缩聚的条件是制备高质量溶胶的关键。因此,溶剂的选择是溶胶制备的前提。同时,溶液的 pH 对胶体的形成和团聚有影响,加水量会影响醇盐水解缩聚物的结构。陈化时间会影响晶粒的生长状态,煅烧温度对粉体的相结构和晶粒大小有影响。总之,在溶胶-凝胶法制备 TiO_2 粉体的过程中,许多因素会影响粉体的形成和性能。因此,应严格控制好工艺条件,以获得性能优良的纳米 TiO_2 粉体。

制备溶胶所用的原料为钛酸四丁酯($Ti(OC_4H_9)_4$)、水、无水乙醇(C_2H_5OH)以及冰醋酸

（无水乙酸）。反应物为 $Ti(OC_4H_9)_4$ 和水，液相介质为 C_2H_5OH，冰醋酸可调节体系的酸度防止钛离子水解过快。使 $Ti(OC_4H_9)_4$ 在 C_2H_5OH 中水解生成 $Ti(OH)_4$，脱水后即可获得 TiO_2。在后续的热处理过程中，适当控制温度和反应时间就可以获得金红石型和锐钛矿型 TiO_2。

钛酸四丁酯在酸性条件下，在乙醇介质中的水解反应是分步进行的，水解产物为含钛离子溶胶，总水解反应为

$$Ti(OC_4H_9)_4 + 4H_2O \longrightarrow Ti(OH)_4 + 4C_4H_9OH$$

一般认为，在含钛离子溶液中钛离子通常与其他离子相互作用形成复杂的网状基团。上述溶胶体系静置一段时间后，由于发生胶凝作用，最后形成稳定凝胶：

$$Ti(OH)_4 + Ti(OC_4H_9)_4 \longrightarrow 2TiO_2 + 4C_4H_9OH$$

$$2Ti(OH)_4 \longrightarrow 2TiO_2 + 4H_2O$$

【实验仪器和材料】

1. 实验仪器

电热炉、恒温水浴箱、磁力搅拌器，蒸发皿、天平、抽滤瓶、布氏漏斗、10 mL 和 50 mL 量筒各一个、100 mL 烧杯两个、玻璃棒、恒压漏斗、洗瓶、X 射线衍射仪等。

2. 实验材料

钛酸四丁酯、无水乙醇、冰醋酸、盐酸、去离子水、滤纸、pH 试纸、标准比色卡。

【实验内容和步骤】

室温下，用干燥的量筒量取 10 mL 钛酸四丁酯，缓慢滴加至盛有 35 mL 无水乙醇的 100 mL 烧杯中，并用磁力搅拌器强力搅拌 10 min，混合均匀，形成黄色澄清溶液 A。

（1）将 4 mL 冰醋酸和 10 mL 去离子水加入另一盛有 35 mL 无水乙醇的 100 mL 烧杯中，剧烈搅拌，得到溶液 B，滴入 1～2 滴盐酸，调节 pH 使其≤3。

（2）室温水浴中，在剧烈搅拌下将已移入恒压漏斗中的溶液 A 缓慢滴入溶液 B 中，滴速大约为 3 mL/min。滴加完毕后得浅黄色溶液，继续搅拌 30 min 后，置于 50 ℃ 水浴条件下加热，1 h 后得到白色凝胶。

（3）使用抽滤装置收集样品，在 80 ℃ 下烘干约 20 h，得到黄色晶体，用玛瑙研钵充分研磨后得到淡黄色 TiO_2 粉末。在不同温度（300 ℃、400 ℃、500 ℃、600 ℃）下热处理，得到具有不同晶型的 TiO_2 样品 a1，a2，a3 和 a4。

（4）用 X 射线衍射仪表征晶体结构。

【数据分析及处理】

（1）理论产量：＿＿＿＿＿＿＿＿＿＿＿＿＿＿＿＿；实际产量：＿＿＿＿＿＿＿＿＿＿＿＿＿＿＿＿；产率＿＿＿＿＿＿＿＿＿＿＿＿＿＿＿。

（2）进行 XRD 物相分析并填写表 4.1.1。

表 4.1.1　XRD 物相分析结果记录表

退火温度/℃	300	400	500	600
晶相组成				
结论				

【实验注意事项】

（1）水作为反应物之一，其加入量主要影响钛醇盐的水解缩聚反应，是一个关键的影响参数，为保证得到稳定的凝胶要采用分次加入的方式。

（2）乙醇可以溶解钛酸四丁酯，并通过空间位阻效应阻碍氢键的生成，从而使水解反应变慢，因此要控制反应中乙醇的加入量。

（3）pH 是影响凝胶时间的又一个因素，实验中取 pH 在 2～3 为宜。

【实验报告要求】

（1）简要概述使用溶胶-凝胶法和热退火方法合成 TiO_2 纳米颗粒的基本操作步骤及注意事项。

（2）计算合成 TiO_2 的理论产量、实际产量和产率，讨论退火温度对 TiO_2 晶型的影响。

（3）总结实验中存在的问题并提出改进措施。

【思考题】

（1）为什么所有的仪器都要干燥？

（2）加入冰醋酸的作用是什么？

（3）将溶液 A 滴加到溶液 B 中时为什么要缓慢滴加？

实验 2　低维 ZnO 材料的制备及其形貌观察

氧化锌（ZnO）作为一种重要的宽禁带半导体材料，不但具有优异的光电性质、热稳定性和气敏性质，还具有易于制备、成本低廉的特点，因而广泛应用于压电、光致发光、光催化、电磁波吸收和传感器等领域，尤其是纳米棒、纳米线、纳米带和纳米管等一维氧化锌纳米结构，是新技术的热门研究对象之一。

【实验目的】

（1）了解一维纳米材料的合成方法。

（2）掌握 ZnO 纳米棒的水热合成方法。

（3）了解纳米材料形貌调控的基本方法。

【实验原理】

氧化锌作为一种Ⅱ-Ⅵ族半导体,与氮化镓的结构和性质相似,具有热稳定性高、抗辐射性能好、生物兼容性强等优点,被认为是氮化镓理想的替代材料。氧化锌的禁带宽度约为 3.37 eV,室温条件下其激子束缚能高达 60 meV,远大于氮化镓(25 meV)以及硒化锌(22 meV)。氧化锌具有三种晶体结构:六方纤锌矿结构(P63mc)、立方闪锌矿结构(F4-3m)和立方岩盐矿结构(NaCl 型,Fm3m)。氧化锌晶体中的化学键既有离子键的成分,又有共价键的成分,两种成分的含量差不多,因此氧化锌晶体中的化学键没有离子晶体那么强,这导致其在一定的外界条件下更容易发生结构上的改变。常温常压下六方纤锌矿的结构为稳定相。三种氧化锌晶体结构的球棍模型如图 4.2.1 所示。

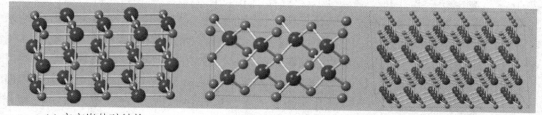

(a) 立方岩盐矿结构　　　(b) 立方闪锌矿结构　　　(c) 六方纤锌矿结构

图 4.2.1　ZnO 晶体结构的球棍模型

纳米材料的性质与其形貌和结构密切相关,而合成方法与工艺条件对其结构和性能的影响也很大。为了改善氧化锌本身的物理、化学性质,充分利用其优异性能,可以通过不同的合成方法以及合成条件控制氧化锌的生长过程,改变其尺寸、形貌、表面和微结构等,实现如量子点、纳米线、纳米管以及纳米阵列等不同结构的制备。通过调控纳米氧化锌的形貌,可以显著提高其物理、化学性能,其甚至表现出一些极为特殊的性质,如纳米氧化锌阵列在紫外光的照射下疏水性质的改变。为了实现纳米氧化锌功能材料的制备,不仅要对纳米粒子的粒径进行调节,更要能够有效控制纳米粒子的形貌。为此,人们采用了多种方法制备纳米氧化锌材料,整体上可以将这些方法分为三大类:固相法、液相法和气相法。

固相法:固相法也称为固相化学反应法,它是将两种物质分别研磨,之后将两者混合,再进行充分研磨从而获得前驱物,最后将前驱物加热分解得到纳米氧化锌颗粒。固相法的优点在于不需要溶剂,产率高,反应条件简单且容易调控,但是反应过程中并不能保证反应完全,前驱物的残余问题难以避免。

液相法:液相法是在液相中合成的方法,又称湿化学法、溶液法等。该方法具有所需设备简单,原料成本较低,制备过程操作简便,产物尺寸小、纯度高、均匀性好的优点,但是反应后有些有机溶剂无法完全除去。常用来制备纳米氧化锌的液相法有溶胶-凝胶法、沉淀法、水热法以及微乳液法等。① 溶胶-凝胶法是一种常用的液相合成方法。一般是以乙酸锌或硝酸锌为原料制备纳米氧化锌颗粒。将原料溶解在有机溶剂当中,通过调控温度、pH 以及催化剂等条件,使溶液和溶剂发生水解或醇解反应形成溶胶。经过陈化,随着溶剂蒸发或缩聚反应的进行,其中的胶体粒子不断长大,并逐渐网格化,溶胶转变为凝胶。将湿凝胶干燥得到干凝胶,此时其体积会发生显著收缩,对干凝胶进行煅烧得到纳米氧化锌材料。② 沉淀法是在一定的反应条件下,在可溶性锌盐溶液中加入沉淀剂,形成不溶性氢氧化物、氧化物或无机盐类的沉淀。将沉淀分离、干燥和热处理之后,得到纳米氧化锌颗粒。沉淀剂多为氨水、碳酸铵和草酸铵等。③ 水热法是在高温高压的反应釜环境中以水作为反应介质来制备纳米材料的一种方法。对于氧化锌的制备而言,通常是在反应釜中将可溶性锌盐与碱溶液反应生成氢氧化锌。同时,氢氧化锌在高温高压下脱水生成氧化锌。除此之外,水热反应中也可以将乙醇、乙二醇、N,N-二甲基亚砜(DMF)等有机溶剂作为反应介质制备形貌更为复杂的纳米氧化锌材料。本实验采用水热法制备纳米氧化锌。

气相法:气相法是直接利用气体或将物质转变为气态,并在气态条件下使之发生物理或化学反应,最后在冷却过程中凝聚生长纳米材料。常用的纳米氧化锌气相合成方法有化学气相氧化法、化学气相沉积法和气相冷凝法等。① 化学气相氧化法是以氧气为氧源,以锌粉为原料,在高温条件下,以氮气作为载气进行氧化反应。该反应可制得粒径较小、分散性良好的纳米氧化锌颗粒,产品纯度较低,在产品中有残余的锌粉。② 化学气相沉积法是利用气态物质在气相或者气固界面上反应来生成固态沉积物,是制备纳米材料或功能薄膜的一种方法。它分为以下三个步骤:a. 挥发物质的产生;b. 挥发物质转移至沉淀区域;c. 挥发物质反应或在固体界面上进行反应得到产物。一般而言,多以氧化锌粉末或者锌盐作为源物质,在高温条件下使其分解形成锌离子,借助输运气体将其输运到沉淀区域并在此发生反应得到产物。采用该方法制备的粒子粒径均匀、大小可控且分散性好,但存在成本高和产率低的缺点,因此难以实现工业化生产。

【实验仪器和材料】

1. 实验仪器

水热反应釜(高压釜)、磁力搅拌器、恒温鼓风干燥箱、天平、高速台式离心机、扫描电子显微镜(SEM)、烧杯、量筒等。

2. 实验材料

六水合硝酸锌($Zn(NO_3)_2 \cdot 6H_2O$,AR)、氢氧化钠(NaOH)、去离子水等。

【实验内容和步骤】

(1) 取 15 g $Zn(NO_3)_2 \cdot 6H_2O$ 放入烧杯中,加入 100 mL 的去离子水使其充分溶解。

(2) 向硝酸锌溶液中加入 40 g NaOH 粉末,烧杯中出现大量的絮状沉淀,用玻璃棒不断搅拌至溶液澄清。此时溶液中 Zn^{2+} 与 OH^- 物质的量之比约为 1:20,pH 为 13 左右。

(3) 取上述溶液 5 mL 并加入 50 mL 去离子,超声 40 min 后转移至高压釜中,在一定温度和时间下进行水热反应。第一组反应条件为在 200 ℃ 下分别保温 6 h、12 h、18 h 和 24 h,产物标记为 a1,a2,a3,a4;第二组反应条件为在 50 ℃、100 ℃、150 ℃ 和 200 ℃ 下保温 24 h,产物标记为 b1,b2,b3,b4。

(4) 待反应结束后,打开高压釜,过滤出里面的沉淀,将沉淀物用去离子水和无水乙醇清洗多次,然后在 60 ℃ 下干燥 12 h,最终获得 ZnO 粉末样品。

(5) 用扫描电子显微镜对样品的形貌进行表征。

【数据分析及处理】

将实验结果填入表 4.2.1 和表 4.2.2 中。

表 4.2.1　第一组:反应时间对 ZnO 形貌的影响

反应时间/h	6	12	18	24
ZnO 形貌				
结论				

表 4.2.2　第二组:反应温度对 ZnO 形貌的影响

反应温度/℃	50	100	150	200
ZnO 形貌				
结论				

【实验注意事项】

(1) 使用高压釜进行水热反应时,反应温度不得高于 200 ℃,装入溶液的体积不得超过高压釜体积的 70%。

(2) 水热反应过程中禁止触碰高压釜,反应结束时应待高压釜冷却至室温方可打开,以避免不必要的烫伤。

【实验报告要求】

(1) 写出三种以上制备纳米氧化锌的方法并简要概述其基本原理。

(2) 简述水热反应中反应温度、反应时间对纳米氧化锌微观形貌的影响。

【思考题】

(1) 水热反应中,除温度和时间外,影响样品形貌的因素还有哪些?

(2) $Zn(NO_3)_2$ 溶液中加入过量 NaOH,为什么会先出现絮状沉淀,然后沉淀再溶解?

实验 3　BiOCl 纳米片的制备及其光催化降解性能研究

基于半导体光催化反应实现有机污染物降解、水分解制氢、CO_2 还原和固氮为解决环境污染和能源危机问题提供了新的有效途径,高性能光催化材料的获取是光催化技术应用的关键,探索新的合成方法制备高性能光催化剂具有重要的研究和应用价值。在众多的半导体催化材料中,卤氧化铋(BiOX,X = Cl,Br,I)具有开放的层状结构,有利于光生电子和空穴的有效分离,其大的表面积有利于提高反应中反应物的吸附,促进光催化反应的进行。

【实验目的】

（1）掌握水解法合成 BiOCl 纳米片的过程。

（2）了解光催化降解有机污染物的原理和操作流程。

【实验原理】

1. 光催化原理

如图 4.3.1 所示，半导体光催化反应主要包含四个过程：光生载流子的产生、复合、迁移以及载流子参与的氧化还原反应。① 光生载流子的产生：如图 4.3.1 过程 A 所示，当半导体催化剂受到能量大于或等于其带隙宽度的光激发后，半导体价带上的电子被激发跃迁到导带上，在价带上留下空穴，产生电子-空穴对。电子和空穴统称为光生载流子。② 载流子的复合：如图 4.3.1 过程 B 所示，一部分光激发产生的电子和空穴在没有迁移到催化剂表面时就会发生复合，另一部分则会迁移到催化剂表面进行复合。事实上，大部分光激发产生的电子和空穴都发生了复合，仅有极小一部分的光生电子和空穴能参与到氧化还原反应当中去，这是很多半导体催化剂催化性能差的重要原因。因此，有效促进光生载流子的分离是开展半导体光催化剂设计，提高其光催化性能的关键目标之一。③ 载流子的迁移：如图 4.3.1 过程 C 所示，受光激发产生而未在体内发生复合的电子、空穴会向半导体的表面进行迁移。④ 载流子参与氧化还原反应：如图 4.3.1 过程 D 所示，迁移到表面的电子和空穴除发生复合外，其余的将会参与到氧化还原反应过程中去。具体过程如下：迁移到表面的光生电子会被催化剂表面附着的氧气所捕获生成超氧离子自由基，电子和超氧自由基具有还原性，可以还原重金属离子或者将氢离子（H^+）还原产生氢气等；由于空穴本身具有强氧化性，其可能直接与有机物发生氧化反应，或者还能将水分子或氢氧根离子氧化成羟基自由基，羟基自由基也具有相对较强的氧化性，可以氧化有机物。

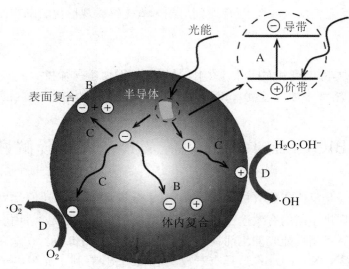

图 4.3.1 半导体光催化原理图

2. 氯氧化铋的结构与性质

卤氧化铋(BiOX,X = Cl,Br,I)属于 V-VI-VII 族多组分金属卤氧化物,为四方晶系,马氏体(PbFCl-type)结构,其化学性质稳定、无毒、耐腐蚀、成本低、易处理、绿色环保。BiOX 的晶体结构如图 4.3.2 所示,呈现出层状结构,由[Bi₂O₂]平板层与双卤素平板层交错组成,层内原子通过共价键连接,层间卤素原子以范德华力结合,弱的范德华力使得卤氧化铋容易沿[001]方向解离形成超薄二维结构,并促使卤素原子逃逸。BiOX 开放的层状晶体结构具有足够大的空间使相关原子和轨道极化,从而易形成沿垂直于[Bi₂O₂]和[X]层方向的固有静电场。

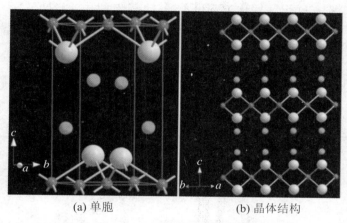

　　　　(a) 单胞　　　　　　　　　　　(b) 晶体结构

图 4.3.2　BiOX 的结构示意图

BiOX 的价带(Valence Band,VB)主要由杂化的 O 2p 轨道和 X np(X = Cl,Br,I;n = 3,4,5)轨道组成,而导带(Conduction Band,CB)主要由 Bi 6p 轨道组成。随着卤素原子 Cl,Br,I 原子序数的增加,BiOX 的带隙依次变窄,光响应波长由紫外光区逐渐向可见光区移动。BiOCl 的禁带宽度为~3.3 eV,BiOBr 和 BiOI 的禁带宽度分别为~2.7 eV 和~1.7 eV。BiOX 是间接带隙半导体,在光催化反应中,间接带隙跃迁意味着激发态电子必须经过一定的 k 空间距离才能发射到价带,降低了激发态电子与空穴的复合概率。基于 BiOX 不同的禁带宽度,BiOCl 的带隙较宽,光催化反应过程中需要紫外光进行激发。BiOBr 和 BiOI 具有较窄的带隙,展现出了一定可见光催化活性。

目前,二维层状卤氧化铋纳米材料的合成方法有水解法、水热法、溶剂热法、热退火处理法、化学沉淀法、微波法、模板法、反相微乳液法等,这些合成方法通常以 Bi₂O₃,Bi,BiCl₃,BiI₃,Bi(NO₃)₃·5H₂O,NaBiO₃·2H₂O 为铋前驱体,以 KX,HX,NaX,CTAX(X = Cl,Br,I)或含卤素元素的离子溶液为卤素前驱体。以 Bi(NO₃)₃·5H₂O 水解法合成 BiOX 的反应过程为例,Bi³⁺ 阳离子首先与 H₂O 反应生成 BiONO₃ 和 H⁺,再与 X⁻ 反应形成 BiOX 晶核,最后熟化生长得到 BiOX。

（1）水热法。水热法是指在高温高压的水相环境下,利用溶液中的物质进行化学反应来合成材料的方法。采用水热法制备的材料通常具有纯度较高、环境友好等特点,但是其制备条件相对较苛刻,不利于大规模的工业生产。

（2）水解法。水解法是指利用溶液中盐电离出的离子与水电离出的氢离子和氢氧根结合发生水解反应来实现材料制备的方法。化合物的水解能力不同，有些在低温条件下遇水或水蒸气即能发生水解，如 $TiCl_4$，$BiCl_3$ 等；有些化合物则需加入少量酸、碱、催化剂、酶类或在高温高压下才能发生水解。由于铋离子盐的易水解特性，水解法制备 BiOX 具有条件温和、操作简单的特点。

（3）化学沉淀法。化学沉淀法是指在溶液状态下将不同化学成分的物质混合，然后向混合液中加入适当的沉淀剂制备前驱体沉淀物，再将沉淀物进行干燥或煅烧，从而获得相应的粉体材料的方法，化学沉淀法法制备的材料大多粒度小且尺寸分布均匀。

本实验采用水解法制备氯氧化铋（BiOCl），即首先利用 $Bi(NO_3)_3 \cdot 5H_2O$ 水解得到 $BiONO_3$，$BiONO_3$ 再与氯离子（Cl^-）反应得到 BiOCl 晶核，晶核生长成纳米盘，最后进一步熟化成薄片。

【实验仪器和材料】

1. 实验仪器

恒温水浴箱、磁力搅拌器、真空干燥箱、高速离心机、天平、量筒、100 mL 烧杯、光化学反应器、紫外-可见分光光度计（UV-6000PC，见图 4.3.3）等。

图 4.3.3 UV-6000PC 紫外-可见分光光度计

2. 实验材料

五水合硝酸铋（$Bi(NO_3)_3 \cdot 5H_2O$）、1 mol/L 盐酸（HCl）、无水乙醇、罗丹明 B 溶液（RhB，10 mg/L）、pH 试纸、标准比色卡。

【实验内容和步骤】

（1）用天平称量三份各 0.485 g（1 mmol）的五水合硝酸铋，分别加入盛有 50 mL 去离子水的烧杯中，用磁力搅拌器强力搅拌 30 min。

（2）向三份硝酸铋溶液中分别滴加 1 mL、2 mL 和 3 mL 盐酸溶液（1 mol/L），滴加完毕后继续磁力搅拌 30 min，然后在室温条件下陈化 6 h，记录不同体积盐酸的加入对体系 pH 的影响，并将其分别标记为 a1，a2 和 a3。

（3）离心收集烧杯中的白色沉淀，用去离子水和无水乙醇反复清洗多次，在 80 ℃条件下真空干燥 12 h。

（4）将得到的 BiOCl 样品 a1,a2 和 a3 依次用玛瑙研钵充分研磨后装入样品袋备用。

（5）各称量 0.03 g BiOCl 样品（a1,a2 和 a3），放入 50 mL 的罗丹明 B 溶液中,在黑暗条件下搅拌 1 h 以达到吸附脱附平衡,随后放入光化学反应器中并采用 500 W 高压汞灯进行光照,每间隔一定时间取 5 mL 悬浮液。最后将取好的悬浮液放入高速离心机中去除催化剂,提取上清液放入紫外-可见分光光度计中,检测 554 nm 处罗丹明 B 特征吸收峰随光照时间的变化。

【数据分析及处理】

（1）绘制 BiOCl 对罗丹明 B 的暗吸附以及光催化降解曲线。

（2）分析 a1,a2 和 a3 样品光催化活性的差异及其原因。

【实验注意事项】

（1）高压汞灯散发的紫外线和蓝光会对人眼、皮肤产生刺激或损伤,实验过程中应避免长时间观察或接触。

（2）使用高速离心机去除溶液中的催化剂时,要严格遵守离心机的使用规范,离心后的样品注意轻拿轻放,尽可能将溶液中的催化剂去除干净。

【实验报告要求】

（1）简要概述半导体光催化反应的基本原理。

（2）写出半导体光催化降解的操作流程,绘制 BiOCl 对罗丹明 B 的暗吸附以及光催化降解曲线。

（3）分析讨论本实验中不同 BiOCl 样品光催化活性存在差异的原因。

【思考题】

（1）光催化反应前进行暗吸附操作的目的是什么?

（2）影响 BiOCl 光催化活性的因素有哪些?

实验 4　溶胶-凝胶法制备纳米铁氧体及微波电磁参数测定

溶胶-凝胶法作为低温或温和条件下合成无机化合物或无机材料的重要方法,在软化学合成中占有重要地位。溶胶-凝胶法在制备玻璃、陶瓷、薄膜、纤维、复合材料等方面获得重要应用,更广泛用于制备纳米粒子。

【实验目的】

（1）熟悉溶胶-凝胶法合成粉体的基本原理和基本过程。

（2）了解溶胶-凝胶法合成粉体要控制的主要参数。

（3）学会分析电磁参数随频率的变化曲线。

【实验原理】

随着电子信息科技和无线通信手段的不断发展,电子设备所带来的电磁干扰问题也日益严重。电子设备在运转过程中,会辐射出不同频段的电磁波,继而传播到大气中,造成严重的电磁污染问题。电磁波吸波材料是能将投射其表面的电磁能转化为热能或其他形式能量而耗散掉的一类材料。电磁吸收剂可将投射其表面的电磁波转化为热能,如图 4.4.1 所示,当电磁波 (P_0)投射到吸收层的表面时,其会出现如下传播途径:① 入射到吸收层表面的电磁波(P_0)有一部分会在界面处再次反射回自由空间(P_1),未被反射的电磁波会进入吸收层的内部。② 入射进吸收层内部的电磁波大部分会被吸收剂损耗掉(P_2)。吸收层的主要损耗方式除了介电损耗和磁损耗外,还包含多重反射等损耗形式。③ 一小部分仍未被损耗的电磁波将透过吸收层,传播到大气中(P_3)。

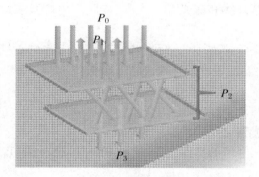

图 4.4.1　电磁波在吸收层中的传播示意图

电磁波吸波材料要满足对电磁波最大限度的吸收,需具有较好的阻抗匹配特性和较强的衰减特性。阻抗匹配设计是指创造特殊的边界条件,使入射电磁波能最大限度地进入吸收层内部,即要求自由空间的波阻抗与吸收体的波阻抗无限接近。基于传输线理论,电磁波在材料表面的反射系数 Γ 可以表示为

$$\Gamma = \frac{Z_{in} - Z_0}{Z_{in} + Z_0} \tag{4.4.1}$$

式中,Z_{in} 是吸收体的输入波阻抗;Z_0 是自由空间的波阻抗(377 Ω)。当电磁波完全进入吸收体而不发生反射时,$\Gamma = 0$,即要求 $Z_{in} = Z_0$。因此,为了实现阻抗匹配,材料的阻抗即电磁波输入波阻抗应接近自由空间的波阻抗。

电磁波吸波材料在具备良好的阻抗匹配这个先决条件之后,还应该具有较强的衰减特性。衰减特性要求材料对入射电磁波具有较强损耗能力,包括磁损耗、介电损耗、欧姆损耗以及多重反射等损耗形式。无论是材料的阻抗匹配特性还是衰减特性都直接受电磁参数的影响,电磁波吸波材料的电磁参数 ε_r 和 μ_r 是表征其电磁性能的重要参数。根据复数矢量性的原则,相对复介电常数 $\varepsilon_r = \varepsilon' - j\varepsilon''$,相对复磁导率 $\mu_r = \mu' - j\mu''$。其中,ε' 和 μ' 分别是相对复介电常数和相对复磁导率的实部,表示电磁波吸波材料对电场能量和磁场能量的储存能力;ε'' 和 μ'' 分别是相对复介电常数和相对复磁导率的虚部,体现了电磁波吸波材料对电场能量和磁场能量的损耗能力。

通常我们采用反射损耗值(Reflection Loss,RL)来评估电磁波吸波材料性能的优劣。根据传输线理论,RL 可以由以下公式计算:

$$RL = 20\log\left|\frac{Z_{in} - Z_0}{Z_{in} + Z_0}\right| \tag{4.4.2}$$

对于厚度为 d 的吸收体介质,其介质输入阻抗 Z_{in} 可以表示为

$$Z_{in} = Z_0\sqrt{\frac{\mu_r}{\varepsilon_r}}\tanh\left[j\left(\frac{2\pi fd}{c}\right)\sqrt{\mu_r\varepsilon_r}\right] \tag{4.4.3}$$

其中,μ_r 和 ε_r 分别是吸收体介质的相对复磁导率和相对复介电常数;f 为入射电磁波的频率;d 是吸收体的厚度;c 是真空中光速。公式(4.4.2)中 RL 代表接受的能量与入射波能量之比的对数值,数值通常为负数形式,其绝对值越大意味着电磁波吸波材料的电磁波衰减损耗越多,吸波性能越好。一般当 RL 低于 -10 dB 时,表明材料对电磁波的衰减损耗达到了 90%,对应的电磁波频率区间称为有效吸收带宽。因此,良好的电磁波吸波材料应该具有小的 RL 和较宽的有效吸收带宽。在实际应用过程中,除了要求强反射损耗和较宽的有效吸收带宽外,同时也要求电磁波吸波材料具有密度小、涂层薄等特点,即满足"强""宽""轻""薄"的特点。

同轴线法是一种最常见的电磁参数表征方法,其测试原理是利用电磁波在轴线中的传输和反射来计算散射参数。矢量网络分析仪是频域测量技术的一个突破,它一出现就被应用到复介电常数和复磁导率测试技术中。本实验中电磁参数数据采集所用的测试系统是基于微波传输线理论中的传输/反射法原理自行设计而成的,图 4.4.2 所示为同轴线法测量电磁参数的示意图。测试时把由专用模具成形的环状材料样品装入夹具,再把夹具两端与两个硬电缆相接,最后把两个电缆接入矢量网络分析仪的两个端口就可以进行测试。用矢量网络分析仪读出散射参数,再把此参数导入我们编制的计算机程序中,运行程序,即可得到所测试材料的电磁参数随频率的变化关系。该系统具有测试频带宽、操作简单且精确度高等特点,最高频段可以测试到 18 GHz,精确度可到达 10^{-2} 数量级。所编制的计算机程序利用相位修正方法很好地解决了相位跳变带来的多值问题。

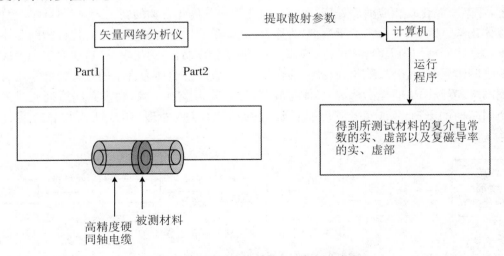

图 4.4.2　同轴线法测量电磁参数示意图

　　铁氧体(Ferrite)一般是指铁族和其他一种或多种适当的金属元素的复合氧化物,就导电性而论其属于半导体,但在吸波领域上是作为磁性介质而被利用的。按晶体结构的不同,铁氧体分为尖晶石型、磁铅石型以及石榴石型三类。铁氧体具有热稳定性好、磁导率高、电阻率大、制备工艺简单等优点,是一种极好的电磁波吸波材料。电磁波吸波材料中使用最多的是尖晶石型铁氧体,此类铁氧体在滤波器、变压器、家用电器、通信等方面均有涉及。该类材料以磁损耗方式吸收电磁波,高频段下具有优异的磁导率,可以让电磁波更加容易进入材料内部并将其转化成其他能量而消除掉。溶胶-凝胶法作为合成纳米铁氧体的常用方法,具有其独特的优势。

　　1846 年,法国化学家 J. J. Ebelmen 用 $SiCl_4$ 与乙醇混合后,发现其在湿空气中发生水解并形成了凝胶,制备了单一氧化物 SiO_2,但这未引起人们的注意。20 世纪 30 年代,W. Geffcken 利用金属醇盐的水解和凝胶化制备出了氧化物薄膜,从而证实了该法的可行性,但直到 1971 年德国联邦学者 H. Dislich 通过金属醇盐水解制备了 SiO_2-B_2O-Al_2O_3-Na_2O-K_2O 多组分玻璃之后,溶胶-凝胶法才被广泛关注,并得到迅速发展。20 世纪 80 年代初期,溶胶-凝胶法开始广泛应用于铁电材料、超导材料、冶金材料、陶瓷材料、薄膜等的制备,并且在纳米晶体方面也开始发挥相当大的作用。

　　溶胶是一种特殊的分散体系,它是由溶质和溶剂所组成的亚稳定体系。其中的溶质粒子又称为胶粒,尺寸介于分子和悬浮粒子之间,通常为 $1\sim100$ nm;按照分散介质的不同,可分为水溶胶(Hydrosol)、醇溶胶(Alcosol)和气溶胶(Aerosol)。凝胶是一种由细小粒子聚集成的三维网状结构和连续分散相介质组成的具有固态相特征的胶态体系。典型的凝胶是通过溶胶的胶凝作用或胶凝反应得到的,溶胶向凝胶的转变过程如下:缩聚反应形成的聚合物或粒子聚集体长大为小粒子簇并逐渐连接为固体网络。溶胶变成凝胶,伴随着显著的结构变化,胶粒相互作用形成骨架或网架结构,失去流动性,而溶剂大部分依然在凝胶骨架中保留,尚能自由流动。凝胶在不同的介质中陈化时,这种特殊的网架结构,赋予凝胶特别大的比表面积和良好的结烧活性。

　　溶胶-凝胶技术是一种由金属有机化合物、金属无机化合物或上述两者混合物经过水解缩聚过程,逐渐凝胶化及相应的后处理,而获得氧化物或其他化合物的新工艺。其具体流程如下:利用液体化学试剂(或将粉末溶于溶剂)为原料(高化学活性的含材料成分的化合物前驱体),在液相下将这些原料均匀混合,并进行一系列的水解、缩聚(缩合)的化学反应,在溶液中形成稳定的透明溶胶体系;溶胶经过陈化,胶粒间缓慢聚合,形成以前驱体为骨架的三维聚合物或者是颗粒空间网络,凝胶网络间充满溶剂,形成湿凝胶;湿凝胶再经过干燥,脱去其间溶剂而成为一种多孔空间结构的干凝胶或气凝胶;最后,经过烧结固化(热处理)制成所需材料。其过程如图 4.4.3 所示。

图 4.4.3　溶胶-凝胶法的制备过程

目前采用溶胶-凝胶法制备超细材料的具体技术或工艺过程相当多,但按其产生溶胶-凝胶过程的机制划分,不外乎三种类型:传统胶体型、无机聚合物型和络合物型,如表 4.4.1 所示。

表 4.4.1　各种溶胶-凝胶法特征及说明

溶胶-凝胶过程类型	化学特征	说　　　明		
		凝　　胶	前驱体	用途
传统胶体型	调节 pH 或加入电解质以中和粒子表面电荷,通过蒸发溶剂得到凝胶缔合网络	高浓度粒子间通过范德华力形成缔合网络,凝胶的固相含量增高,凝胶的强度弱,通常为不透明	金属无机化合物和试剂的反应生成前驱体溶液及高浓度粒子	粉体、薄膜
无机聚合物型	水解、缩聚前驱体	前驱体衍生的聚合物形成胶体,新生的凝胶溶液与前驱体溶液具有相同的体积,有一个凝胶作用参数可以清楚地辨别凝胶的形成并且不同于凝胶过程中的其他参数,凝胶是透明的	金属的烷氧化合物	薄膜、包覆、纤维、粉体
络合物型	络合反应生成较大的或混合配体	络合体通过氢键形成凝胶缔合体,凝胶易潮解,凝胶是透明的	金属的烷氧化合物、硝酸盐或酯类	薄膜、粉体、纤维

本实验采用硝酸盐、柠檬酸等化学试剂为原材料,利用氨水对体系 pH 进行控制合成络合物型溶胶体系,再将所获得的溶胶干燥处理得到凝胶,并将干燥后的凝胶在高温炉中煅烧而获得铁氧体粉体。

与其他方法相比,溶胶-凝胶法具有独特的优势:

(1) 由于溶胶-凝胶法中所用的原料首先被分散到溶剂中而形成低黏度的溶液,因此其可以在很短的时间内获得分子水平的均匀性,在形成凝胶时,反应物之间很可能是在分子水平上被均匀地混合。

(2) 经过溶液反应步骤,能很容易均匀定量地掺入一些微量元素,实现分子水平上的均匀掺杂。

(3) 与固相反应相比,化学反应容易进行,而且仅需要较低的合成温度。一般认为溶胶-凝胶体系中组分的扩散在纳米范围内,而固相反应时组分扩散是在微米范围内,因此前者反应容易进行,反应所需的温度较低。

(4) 选择合适的条件可以制备各种新型材料。溶胶-凝胶法作为低温或温和条件下合成无机化合物或无机材料的重要方法,在软化学合成中占有重要地位。溶胶-凝胶法在制备玻璃、陶瓷、薄膜、纤维、复合材料等方面获得重要应用,更广泛用于制备纳米粒子。

【实验仪器和材料】

1. 实验仪器

电子分析天平、磁力搅拌器、鼓风干燥箱、高温箱式炉、矢量网络分析仪、压片模具、pH 计等。本实验使用的是中国电子科技集团第四十一研究所研制的电磁参数测量装置,如图 4.4.4 所示。自制压片模具如图 4.4.5 所示。

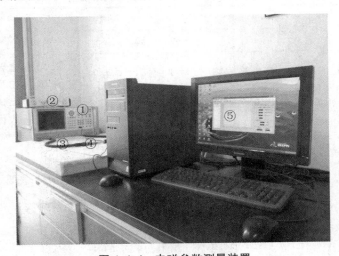

图 4.4.4　电磁参数测量装置

① 矢量网络分析仪;② 校准夹具;③ 波导管;④ 同轴夹具;⑤ 计算机控制系统

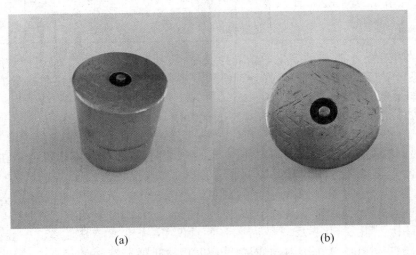

(a)   (b)

图 4.4.5　自制压片模具实物图

2. 实验材料

六水合硝酸镍、六水合硝酸锌、九水合硝酸铁、一水合柠檬酸、去离子水、氨水、酒精。

【实验内容和步骤】

1. 样品的制备

本实验采用溶胶-凝胶法合成 $Ni_{0.5}Zn_{0.5}Fe_2O_4$ 铁氧体材料体系,制备流程如图 4.4.6 所示,主要步骤如下:

（1）称量。称量化学计量比原材料 $Ni(NO_3)_2 \cdot 6H_2O$、$Zn(NO_3)_2 \cdot 6H_2O$、$Fe(NO_3)_3 \cdot 9H_2O$ 和一水合柠檬酸，其中柠檬酸与金属离子的物质的量之比控制为 1.5 : 1。

（2）溶解。将称量好的金属硝酸盐溶解于 25 mL 去离子水中，在磁力搅拌器上搅拌 20 min，完全溶解后形成硝酸盐溶液；同样将称量好的柠檬酸溶解于另一 20 mL 去离子水中，用磁力搅拌器搅拌至完全溶解；再将柠檬酸溶液缓缓加入硝酸盐溶液中，用磁力搅拌器搅拌至均匀混合，形成均匀透明的黄褐色胶体。

（3）调节 pH。在配制好的溶液中滴加氨水，调节 pH 约等于 7。

（4）干燥。将上述溶液放入鼓风干燥箱，在 100 ℃ 的温度下烘 48 h，脱水得到深褐色干凝胶。

（5）预烧。将烘干后的干凝胶转移到箱式电阻炉中进行预烧，设置温度为 350 ℃，保温时间为 2 h，待自然冷却至室温后取出。

（6）研磨烧结。将预烧后得到的产物放入干净的研钵中充分研磨后放入坩埚中，在高温箱式炉中以 900 ℃ 保温 2 h，自然冷却至室温后得到最终产物。

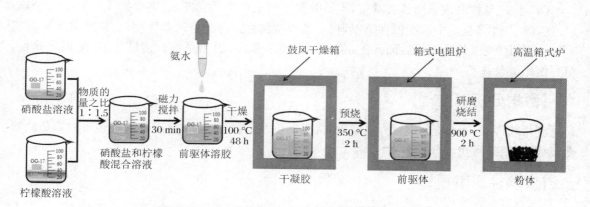

图 4.4.6　本实验样品制备的工艺流程图

2. 压片

采用石蜡作为基体（透波）材料。具体制样方法如下：把吸波剂样品均匀分散在熔化的石蜡中，粉末与石蜡的质量比为 70 : 30，然后把处于液态的石蜡和吸波剂混合浇注到不锈钢环形模具中，环的内径为 3.04 mm，外径为 7.00 mm，固化后取出环形样品进行电磁参数测量。

3. 性能测试

样品的电磁参数采用经典的同轴线法来测量：将样品制成内径为 3.04 mm、外径为 7.00 mm 的样品，截取适当的长度（通常使用 2 mm 样品）打磨测试，获得散射参数 S_{11}，S_{12}，S_{21} 和 S_{22} 四个参数，利用仪器中的计算程序得到所制备材料的电磁参数（复介电常数实、虚部和复磁导率实、虚部）。测试之前，为了减少实验误差，使用专用的校准设备（型号：AV31101）进行双端口校准。

这里，通过 AV3629D 微波矢量网络分析仪测试样品散射参数的操作步骤如下：

（1）分别连接两根测试电缆的一端到矢量网络分析仪面板上的两个端口，即端口 1 和端口

2,另一端连接转接头。

（2）打开控制计算机(计算机 1)；接通矢量网络分析仪控制电源(背面)，按下仪器屏幕左侧电源键。

（3）仪器启动之后，进入 Windows 界面(计算机 2)，自动进入"微波矢量网络分析仪"程序。

（4）在计算机 1 中打开"测试软件"，进入"材料电磁参数测试系统"。

（5）将界面右上方的"单向测量""双向测量"移动到"双向测量"。

（6）在控制面板的主菜单系统配置中，波段选择为"7.0 mm Coax 0 - 18 GHz"，起始频率、终止频率、测量点数等参数根据需求合理设置。

（7）点击计算机 2 中"微波矢量网络分析仪"主菜单上"校准"，进入校准向导，点击"校准类型"，选择"全双端口 SOLT"，点击"测量机械标准"进入下一界面，点击"选择校准件"，选"AV31101"，然后依次使用"开路—短路—负载—直通"等标准头对仪器进行校准，校准过程中要选择"Male""Female"，以校准头为准。

（8）校准结束后自动保存校准文件。

（9）将环形样品放入测试夹具中，点计算机 1 主菜单中"测试"，采集参数 S_{11}，S_{12}，S_{21}，S_{22}。

（10）点计算机 1 中数据保存菜单，将采集数据保存。与开机时顺序相反，依次关闭计算机 2 程序，退出界面，关闭面板后面开关，关闭计算机 1 程序，退出系统。清洁仪器，整理实验台，填写使用记录并签字。

【数据分析及处理】

利用软件 Origin 绘制出复介电常数实、虚部以及复磁导率实、虚部分别随频率的变化曲线图，对测试结果做初步分析。

【实验注意事项】

（1）体系的 pH、滴定速度对生成沉淀物颗粒的大小有较大的影响，要严格控制。

（2）进行电磁参数测试前，压片过程中，要使粉末在石蜡基体中尽量均匀分散。

（3）测试前洗手擦干，防止静电损坏仪器。

（4）为了防静电对仪器的破坏，最好使用防静电台布、防静电手套。

【实验报告要求】

（1）叙述溶胶-凝胶法合成铁氧体粉末的整个实验过程。

（2）分析实验中观察到的现象。

（3）叙述用同轴线法测量样品的电磁参数的要点。

（4）分析电磁参数随频率的变化机制，总结实验结果并提出存在的问题。

【思考题】

（1）什么是溶胶？其与真溶液的主要区别是什么？

（2）采用溶胶-凝胶法制备铁氧体的主要步骤有哪些？

（3）若对制备的铁氧体粉体进行形貌和成分分析，可采用什么材料分析方法？

（4）烧结过程中如何控制晶粒生长？

（5）还有什么其他制备尖晶石型铁氧体粉体的方法？

实验 5　锂离子电池正极材料的制备及其电化学性能实验

20 世纪以来，全球经济迅猛发展导致能源危机日趋严重，生态环境日益恶化，从而引发了很多相关的社会问题。因此，开发清洁、可再生能源已成为迫切需要解决的问题之一。而锂离子电池（Lithium Ion Batteries，LIB）正是适应这种需求而出现的，其自诞生之日起便因特有的体积小、工作电压高、比能量高、无记忆效应和循环寿命长等优势引起了全球范围的研究热潮，受到人们的广泛关注。

【实验目的】

（1）了解锂离子电池的工作原理、特点与结构组成。

（2）了解磷酸铁锂正极材料的结构特点。

（3）掌握磷酸铁锂正极材料的制备方法及扣式电池的组装过程。

（4）掌握电池的电化学性能测试方法，并分析电池的性能。

【实验原理】

1. 锂离子电池简介

锂离子电池是一种新型二次电池，具有体积小、工作电压高、比能量高、无记忆效应和循环寿命长等优点。它的出现大大填补了铅酸蓄电池（Pb-Acid）、镍-镉电池（Ni-Cd）、镍-氢电池（Ni-MH）等传统电池的不足，满足了手机、笔记本电脑、摄像机等便携式电子产品对电池小型化、轻量化、高能量、长寿命、无记忆效应和对环境友好等的要求，促使这些行业迅速崛起。便携式电子产品的迅猛发展、市场不断扩大又直接加快了锂离子电池的发展速度。令人关注的是，锂离子电池的应用不仅限于便携式通信设备等小型电子产品，还渗透到了电动车、航空航天、潜艇等高能动力电池领域，其未来有望发展成为大型、动力、储能电池，具有很好的发展潜力，这就使得锂离子电池的发展不仅关乎民生，更与国家的安全和发展息息相关。

锂离子电池组成部分有正极、负极、隔膜和电解液。正负极是锂离子电池的主要构件，决定了电池的性能。锂离子电池对正负极材料有较高的要求，理想的正负极材料应该具有较高的电导率和锂离子扩散速率、较高的能量密度、良好的稳定性和循环性能，且电位在电解液的安全工作范围内。正极材料一般是插锂电位较高的嵌锂物质，常见的主要是锂的过渡金属氧化物，包括钴酸锂（$LiCoO_2$）、镍酸锂（$LiNiO_2$）、锰酸锂（$LiMn_2O_4$）、三元材料（$LiCo_xNi_yMn_{1-x-y}O_2$）等可逆脱嵌锂离子的化合物及其衍生物，另外还有近年来研究较热的聚阴离子类 $LiMPO_4$（$M = Fe,V,Co$ 等）化合物。负极材料一般是电位尽可能接近锂电位的可逆嵌脱锂物质。目前，大规模商业应用的是石墨等碳类材料，另外还有锂过渡金属氧化物、锂过渡金属氮化物、硅基材料、锡基材料等。锂离子电池所用的隔膜材料一般是聚烯烃类树脂，单层或多层的聚丙烯（PP）和聚乙烯（PE）微孔膜是比较常见的。电解液是一些锂盐的有机混合溶液，一般是由 1 mol/L 锂盐的混合碳酸酯构成，锂盐一般选用 $LiPF_6$，$LiClO_4$ 和 $LiBF_4$，有机溶剂一般是碳酸乙烯酯（EC）、碳酸丙烯酯（PC）、碳酸丁烯酯（BC）、碳酸二乙酯（DEC）、碳酸二甲酯（DMC）、碳酸甲乙酯（EMC）及二甲基乙烷（DME）等。

  锂离子电池实际是一个锂离子浓差电池，整个工作过程是以锂离子的浓度差为迁移动力的。充电时，锂离子从正极脱出，嵌入负极，放电时，锂离子从负极脱出，嵌入正极，即在充放电过程中，锂离子在正负极间脱嵌，往复运动，犹如来回摆动的摇椅，因此锂离子电池又称为"摇椅电池"。以 $LiCoO_2$ 作正极材料、碳作负极材料为例，其工作原理如图 4.5.1 所示。

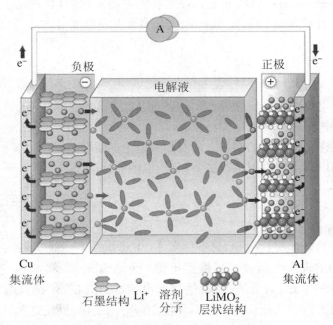

图 4.5.1　锂离子电池工作原理示意图

电池充放电时，正负极活性材料中的 Li^+ 的迁移过程可用下式表示：

充电时：

$$LiCoO_2 \longrightarrow Li_{1-x}CoO_2 + xLi^+ + xe^- \tag{4.5.1}$$

$$C_6 + xLi^+ + xe^- \longrightarrow Li_xC_6 \tag{4.5.2}$$

放电时：

$$Li_{1-x}CoO_2 + x Li^+ + x e^- \longrightarrow LiCoO_2 \tag{4.5.3}$$

$$Li_xC_6 \longrightarrow C_6 + xLi^+ + xe^- \tag{4.5.4}$$

  充电时，在外加电压的作用下，正极 $LiCoO_2$ 中 Co^{3+} 失去电子变成 Co^{4+}，失去的电子通过外电路进入负极，同时为了维持电荷平衡，Li^+ 从正极脱出经过电解液嵌入负极，捕获一个电子，与碳材料形成插层化合物 Li_xC_6。充电结束时，正极处于贫锂态。放电时，在正负极本身电压差下,负极 Li_xC_6 失去电子变成 Li^+,失去的电子通过外电路进入正极,Co^{4+} 得到电子变成 Co^{3+},同时负极产生的 Li^+ 脱出经过电解液嵌入正极,达到电荷平衡。放电结束时,正极处于富锂态。由此看来,锂离子电池的氧化还原反应是通过锂离子的脱嵌来完成的,电池的充放电过程就是锂离子的脱嵌过程。

锂离子电池一般具有良好锂离子脱嵌的可逆性,从而获得较长的循环使用寿命。在正常充放电情况下,Li^+ 在层状结构氧化物和层状结构的碳材料的层间脱嵌,一般只引起层面间距变化,不会破坏整体结构。即使在一些具有特定晶体结构的材料中脱嵌,也不会改变原有的晶体结构。锂离子电池的特点见表 4.5.1。

表 4.5.1 锂离子电池的特点

能量密度高	锂离子电池储能时体积小、质量小,可以小型化、轻量化
开路电压高	单体电池电压高达 3.6~3.8 V
可大电流充放电	全固体锂离子电池可以实现 10 C 以上的高倍率放电
自放电率低	室温下锂离子电池自放电率很低,普遍小于 10%
环境友好	不含铅、镉、汞等有害物质,不污染环境
无记忆效应	锂离子电池不会记忆容量不足,而降低容量
安全性好	采用碳材料作负极,使得金属锂沉积的概率大大减小,很大程度提高电池的安全性
循环寿命长	锂离子电池循环寿命一般在 500 次以上

2. 磷酸铁锂正极材料简介

1997 年,Padhi 在美国得克萨斯州立大学 Goodenough 教授指导下,发现了橄榄石型的 $LiFePO_4$ 具有良好的脱嵌锂可逆性,这一发现立即引起了国际电化学界研究人员的注意,从而开始了对该材料的大规模研究。$LiFePO_4$ 正极材料由于资源丰富、价格低廉、环境友好、热稳定性好、安全性能突出等优点,具有很大的开发和应用潜力,成为近年来锂离子电池领域的研究热点。

橄榄石型结构的 $LiFePO_4$ 在自然界是以磷酸锂铁矿的形式存在,其晶体属于正交晶系,空间群为 Pnma,晶体结构如图 4.5.2 所示。在 $LiFePO_4$ 晶体中氧原子基本以六方密堆积方式排列,磷原子占据的是氧四面体空隙($4c$ 位),形成 PO_4 四面体,铁原子占据的是氧八面体的空隙($4c$ 位),形成 FeO_6 八面体,PO_4 四面体和 FeO_6 八面体共同构成了空间骨架,锂原子占据的也是氧八面体的空隙($4a$ 位),形成 LiO_6 八面体。在连接方式上,八面体结构的 FeO_6 以共顶点的方式相互连接,在 ac 面上沿 c 轴方向呈锯齿状延伸,构成 FeO_6 层;八面体结构的 LiO_6 以共棱的方式相互连接,在 ac 面上沿 c 轴方向呈链状延伸,构成 LiO_6 层,且两层平面交替排列;四面体结构的 PO_4 则在八面体 FeO_6 和 LiO_6 之间相间排列。每个 FeO_6 与两个 LiO_6 共边;每个 PO_4 和 FeO_6 共用一条边,与 LiO_6 共用两条边。

由于四面体 PO_4 的分隔,八面体 FeO_6 只能以共顶点的方式连接,无法以共棱的方式形成八面体网络,从而在很大程度上降低了电子传导率。另外,氧原子近乎六方密堆积的排列方式,大大减小了锂离子的自由移动体积,导致锂离子在材料中的迁移速率很小。低的电子传导率和锂离子迁移率使得 LiFePO$_4$ 材料的大电流充放电性能大幅度降低,导致其动力学性能较差。

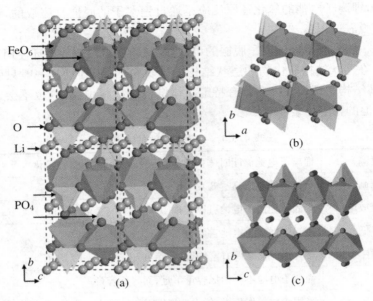

图 4.5.2　LiFePO$_4$ 的晶体结构

　　图 4.5.3 为 LiFePO$_4$ 完全脱锂前后晶体结构的变化情况,两者同属于正交晶系,结构惊人相似。两者的晶胞参数比较如表 4.5.2 所示,在脱锂过程中,晶轴 a 和 b 略微缩短,晶轴 c 略微伸长,晶胞体积仅减小 6.81%。如此小的结构体积差异,并不会造成晶体结构破坏和颗粒变形;同时,这种体积的变化正好可与负极碳材料在充放电过程中产生的体积变化相抵消,使电池结构更加稳定,大大延长了电池的使用寿命。因此,LiFePO$_4$ 的脱嵌锂过程是高度可逆的,具有良好的充放电循环性能。

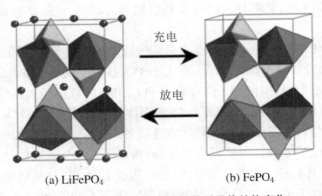

(a) LiFePO$_4$　　　　　　　(b) FePO$_4$

图 4.5.3　LiFePO$_4$ 完全脱锂前后晶体结构变化

表 4.5.2 LiFePO₄ 相和 FePO₄ 相的晶体结构的参数

材料	空间群	晶 胞 参 数			
		a/nm	b/nm	c/nm	V/nm³
LiFePO₄	Pnma	1.03344	0.60083	0.46931	0.29139
FePO₄	Pnmb	0.98211	0.57921	0.47881	0.27236

磷酸铁锂材料充放电机理：LiFePO₄ 充放电同时伴随着锂离子的嵌入脱出，LiFePO₄ 和 FePO₄ 两相之间相互转化。充电时，锂离子从 FeO₆ 层间脱出（Fe²⁺ 变成 Fe³⁺），通过电解液到达负极，同时，电子通过外电路也到达负极；放电时与之相反。

$$充电：LiFePO_4 - Li^+ - e^- \longrightarrow FePO_4 \tag{4.5.5}$$
$$放电：FePO_4 + Li^+ + e^- \longrightarrow LiFePO_4 \tag{4.5.6}$$

3. 磷酸铁锂正极材料的制备方法

天然磷酸锂铁矿（Triphylite）中含有 Mn 杂质，电化学性能较差，因此研究者采用多种技术来合成具有良好电化学活性的磷酸铁锂材料。

高温固相法是制备 LiFePO₄ 最传统也是应用最广泛的方法，通常是将铁源、锂源和磷源按照一定的化学计量比进行混合，原料混合均匀后，进行高温焙烧，制得橄榄石型的 LiFePO₄，合成过程需要通入保护气体。该方法具有工艺简单、流程可靠的优点。微波合成法是材料合成的新技术，微波加热方式属于体加热，材料自身在微波电磁场的作用下产生热量，微波合成法具有反应时间短、耗能低、绿色环保等优点。水热法是将铁盐、锂盐和磷酸盐溶解于水中，在反应釜中，形成高温高压的反应状态，并反应生成磷酸铁锂颗粒。溶胶-凝胶法是制备材料的一种湿化学法，由于化学反应在溶液中发生，所以原料在分子水平上均匀地混合，产物均匀性好，且合成温度低，可制备高纯和超纯物质。共沉淀法是指原料以多种离子形式存在于溶液中，通过化学反应，生成沉淀产物再加热处理。其优点是制备工艺简单，成本低，条件易控制，合成时间短，产物颗粒细、粒径分布窄、形态易于控制。喷雾热解法是合成具有球形等规则形貌的产物的常用方法，首先将锂源、铁源、磷源和蔗糖碳源按照一定的化学计量比溶解在去离子水中，然后前驱体溶液经过超声在较高温度（450~650 ℃）的反应器中进行喷雾热解反应，最后喷雾造粒产物在保护气氛下进行高温反应。

4. 电化学性能测试原理及方法

恒电流充放电及循环性能测试，主要测试锂离子电池在不同倍率下（0.1~10 C）的充放电比容量、循环性能和倍率性能。在恒电流充放电中，充放电电流的大小常用充放电倍率（C）来表示。对于纯相的磷酸铁锂材料来说，1 C = 170 mA·h/g。

磷酸铁锂活性材料的理论容量计算如下：

$$C_0 = \frac{N_A enm}{tM_w} = \frac{6.02 \times 10^{23} \times 1.60 \times 10^{-19} \times 1 \times 158 \times 1000}{3600 \times 1} = 169.2 \approx 170\ (mA \cdot h/g) \tag{4.5.7}$$

式中，C_0 代表磷酸铁锂的理论容量，单位为 mA·h/g；N_A 代表阿伏伽德罗常数；e 代表电子的电荷数；n 为参与电化学反应的电子数；m 为活性物质的质量；M_w 代表磷酸铁锂的摩尔质量；

t 为时间。

循环伏安法(Cyclic Voltammetry, CV)是电化学测量中应用非常广泛的方法之一,也称为线性电位扫描法或者动电位扫描法。在循环伏安法测试中,控制研究电极的电势以恒定速率从起始电压开始扫描,到达换向电位时,改变扫描方向,以相同的速率回扫至起始电压,与此同时,测量并记录通过研究电极的响应电流。通过分析电流-电压(i-E)曲线,可以得到电极反应和传质过程的动力学和热力学方面的相关信息。该方法的代表性应用涉及初步研究电极体系可能发生的电化学反应、判断电极过程的可逆性、判断电极反应的反应物来源、研究电活性物质的吸附脱附过程等方面。循环伏安法测试是为了考察在准可逆的情况下电化学体系所参与的电化学反应,评估氧化-还原反应的可逆性以及进行锂离子扩散系数的计算。

交流阻抗法是通过对特定状态下的被测体系施加一个小振幅的正弦电位(或电流)扰动信号,由相应的响应信号与扰动信号之间的关系研究电极过程动力学的一种方法。由于小幅值的交变信号基本上不会使被测体系的状态发生变化,所以用这种方法能够准确地研究各电极过程动力学参数与电极状态的关系。

本实验主要采用水热法制备磷酸铁锂正极材料,将制备的正极材料组装成扣式电池,并利用恒电流充放电、循环伏安法和交流阻抗法对电池的电化学性能进行测试。

【实验仪器和材料】

1. 实验仪器

电子分析天平、磁力搅拌器、涂膜机(附带小型真空泵)、台式干燥箱、真空干燥箱、电动对辊机、扣式电池切片机、手套箱、扣式电池液压封口机、管式炉、蓝电电池测试系统(LAND-CT2001A,图4.5.4)、电化学工作站(CHI660E,图4.5.5)等。

图 4.5.4　LAND-CT2001A 蓝电电池测试系系统

2. 实验材料

氢氧化锂($LiOH \cdot H_2O$)、硫酸亚铁($FeSO_4 \cdot 7H_2O$)、磷酸(H_3PO_4)、L-抗坏血酸($C_6H_{12}O_6$)、无水乙醇(CH_3CH_2OH)、乙二醇($C_2H_6O_2$)、N-甲基吡咯烷酮(NMP)、导电炭黑(Super P)、电解液($LiPF_6$-EC + DMC)、金属锂片(Li)、聚偏氟乙烯(PVDF)、隔膜纸(2500)等。

图 4.5.5　CHI660E 电化学工作站

【实验内容和步骤】

1. 磷酸铁锂正极材料的制备

（1）前驱体溶液的配制。本实验采用分步沉淀法，具体制备过程如下：以分析纯 $LiOH \cdot H_2O$，$FeSO_4 \cdot 7H_2O$ 和 H_3PO_4 为原料，L-抗坏血酸为还原剂，在室温下，按 $n_{Li} : n_{Fe} : n_P = 3 : 1 : 1$ 分别称取 $LiOH \cdot H_2O$，$FeSO_4 \cdot 7H_2O$ 和 H_3PO_4。首先将 H_3PO_4 溶液缓慢滴加到 LiOH 溶液中，搅拌混合均匀，制得乳白色悬浮液；再将 $FeSO_4$ 溶液缓慢滴加到上述悬浮液中，溶液颜色由乳白色变成灰绿色并逐渐加深；为防止 Fe^{2+} 发生氧化变成 Fe^{3+}，在反应液中加入一定量的L-抗坏血酸作为还原剂，对溶液进行充分搅拌，使其混合均匀，最终制得稳定的悬浊液，即为制备的 $LiFePO_4$ 前驱体溶液。在加入 $FeSO_4$ 溶液的整个搅拌过程中，尽可能减少 Fe^{2+} 与空气接触，防止发生氧化，用保鲜膜将烧杯密封。

（2）水热法制备 $LiFePO_4$ 材料。将上述配制的悬浊液加入水热反应釜中，在 200 ℃进行水热反应 24 h，反应完全后冷却至室温，取出反应釜，过滤得到样品，并将样品用蒸馏水和无水乙醇充分洗涤，然后放入干燥箱中于 80 ℃下干燥 24 h，得到 $LiFePO_4$ 正极材料。

2. $LiFePO_4$ 正极极片的制备

将制备的正极材料 $LiFePO_4$、导电剂导电炭黑、黏结剂聚偏氟乙烯按质量比 8∶1∶1 称量并于研钵中研磨混合均匀，将混合好的样品置于小烧杯中，再加入适量的溶剂 N-甲基吡咯烷酮溶解黏结剂，以一定速度搅拌 12 h 制成黏稠状的浆料。将调好的浆料均匀涂抹在用乙醇清洗过的铝箔上，置于真空干燥箱中于 120 ℃下干燥 24 h，使其充分干燥，然后用切片机裁成直径为 14 mm 的圆形电极片。后用对辊机于 10 MPa 下将正极片压制成型，称量计算后放入真空干燥箱中于 80 ℃下干燥 10 h 备用。

3. 扣式电池的组装

扣式电池装配过程在充满氩气的手套箱中进行，采用的电池壳为 CR 2025 型，以 1 mol/L 的 $LiPF_6$-EC＋DMC（体积比 1∶1）溶液为电解液，锂片为负极，Celgard 2500 聚丙烯多孔膜为隔膜。干燥的 $LiFePO_4/C$ 电极移入手套箱后，分别按照正极壳、正极极片、电解液、隔膜、电解液、负极极片、不锈钢垫片、弹簧垫片、负极壳的顺序进行电池的组装，然后小心地转移到扣式电池封口机上封口，静置 24 h 后可进行性能测试。

4. 电化学性能测试

（1）充放电性能测试。将组装好的电池在电池测试系统上进行充放电测试，充放电机制为恒电流充电-恒电流放电循环，充电截止电压为 4.2 V，放电截止电压 2.5 V，电流密度分别为 0.1 C、0.5 C、1 C、5 C（1 C＝170 mA·h/g）。研究材料的放电容量性能、倍率性能和循环性能。

（2）循环伏安测试。测试采用上海辰华仪器有限公司生产的 CHI660E 电化学工作站，以金属锂片作为参比电极和对电极，制备的材料为研究电极，扫描速度为 0.2 mV/s，电压窗口范围为 2.5～4.2 V。研究材料的电极反应电位、电极反应的可逆性以及电极材料的电化学活性等。

（3）交流阻抗测试。测试采用上海辰华仪器有限公司生产的 CHI660E 电化学工作站，以金属锂片作为参比电极和对电极，制备的材料为研究电极，频率范围为 100 kHz～0.01 Hz，交流振幅为 5 mV。研究电极反应过程的反应阻抗大小。

【数据分析及处理】

（1）记录材料制备及扣式电池组装过程的相关参数。

（2）分析电极材料的电化学性能测试结果。充放电性能测试、循环伏安测试、交流阻抗测试数据记录，数据图绘制及电化学性能分析。

【实验注意事项】

（1）在用镊子移动整个扣式电池的时候，要使用绝缘镊子，防止正负极接触短路。

（2）在扣式电池制备过程放置锂片步骤中，要将锂片边缘光滑面朝隔膜一侧放置，必要时可以用平整的与锂不反应的硬物压平金属锂片的表面，以防止锂片边缘毛刺穿破隔膜导致电池短路。

（3）扣式电池各组件在使用前要清洗，其中不锈钢部件可分别用去油污清洁剂、丙酮、乙醇、水依次进行超声清洗，清洗后的部件要在烘箱中进行烘干处理。

（4）电池组装放置极片时，注意极片易移动翻转。使用镊子调整时容易发生极片破损和电解液侧漏的问题，建议使用钝头绝缘镊子处理。

【实验报告要求】

（1）简述锂离子电池的工作原理与结构组成。

（2）简述磷酸铁锂正极材料结构特点。

（3）简述磷酸铁锂正极材料的制备方法及扣式电池的组装过程。

（4）简述电化学性能测试方法，并分析电池的电化学性能。

【思考题】

（1）如何评价电池的好坏？影响扣式电池性能的因素有哪些？

（2）请根据实验过程，列举扣式锂离子电池制作工艺中的重点控制步骤。

（3）为了准确测量锂离子扣式电池性能,在操作过程中,应如何尽量减小锂离子电池在极片制备、电池组装和电池测试过程中可能存在的误差呢?

实验6　疏水表面的制备及性能实验

随着表面科学技术的发展尤其是表面研究技术手段的提高,自然界中神奇的超疏水现象作为众多仿生研究的热点之一,受到科学家的广泛关注和深入研究。科学家们探索着从自然到纳米仿生超疏水材料的制备技术,以期实现超疏水材料在军事、工业、农业等方面的广泛应用。人们将表面稳定接触角大于150°、滚动接触角小于10°的表面定义为超疏水表面。超疏水表面具有大量优秀的性质,其中包括自清洁性、防腐蚀性和抗结冰性等,可用于解决实际生活中的很多问题,具备良好的应用前景。

【实验目的】

（1）了解疏水表面的基本原理、制备方法及应用。
（2）掌握疏水铁片的制备方法。
（3）熟悉利用接触角测量仪测试疏水铁片的润湿性的方法。

【实验原理】

1. 疏水表面的简介

趣味无穷的大自然为人工制造超疏水材料提供了良好的基础和启示,其中最典型的代表是滴水不进的荷叶表面,具有"荷叶自洁效应""出淤泥而不染"的特点。水滴在荷叶上是圆球形状而且能够自由滚动,并将表面的污染物一起黏附带走,所以荷叶具有自清洁功能。荷叶表面超疏水性质是表面的微纳米形貌结构和表面存在蜡物质层共同作用的结果。除了荷叶,自然界中水稻和玫瑰花瓣等很多植物的表面都具有超疏水特性。自然界中还有很多具有超疏水特性的动物,例如水黾、蝴蝶、壁虎、鹅与鸭类的羽毛等(图4.6.1)。水黾是一种常见的小型水生昆虫,它可以在水面上行动自如,这是因为水黾腿部具有很好的超疏水性。人们通过电子显微镜观察发现水黾腿部具有同样的微纳米复合结构,即存在成千上万的微米刚毛,并在每根刚毛表面又存在纳米级的螺旋状沟槽,气体进入沟槽形成气垫,使得水黾可以在水面上自由行走。蝴蝶翅膀也具有超疏水性,当蝴蝶在雨中扇动翅膀时,水滴会沿着轴心放射方向滚动,从而使得液滴不会沾湿蝴蝶的身体。这是因为蝴蝶翅膀覆盖着大量沿着轴心放射方向定向排列的微纳米鳞片,该结构可以保证水滴沿着放射方向轻易滚走,而限制其在反方向上滚动,这种各向异性保证了蝴蝶飞行时的稳定性和自清洁性。鹅与鸭类的羽毛具有很强的疏水功能,水很难打湿它们的羽毛,这与它们的羽毛表面的特殊的微纳米条形状的结构形貌有关,这一结构还具有定向的排水的功能,从而具有很好的疏水性和透气性。人们研究发现,这些生物表面特殊功能润湿性是由表面微纳结构和化学性质共同决定的。人们由于受到了大自然的多重启发,制造出同样具有超疏水性能的各种人工材料。

图 4.6.1　自然界中的特殊润湿性现象

2. 疏水表面的基础理论

液体与固体接触会沿着固体表面铺展,与此同时,原来的固-气界面、液-气界面转变为液-固界面接触的现象称为润湿。当液滴在光滑理想固体表面润湿时主要分为三种现象:一是液滴在固体表面完全铺展开;二是液滴在固体表面部分铺展开;三是液滴在固体表面形成圆球状,与固体表面润湿较差。润湿度通过接触角 θ 来衡量,接触角 θ 即固-液-气能量最低的时候,液-气界面与固-液界面之间的角,如图 4.6.2 所示。1805 年 Young 提出,研究发现接触角可以用理想固体表面上的液滴在平衡的状态时所受的三个表面张力来表示,这就是著名的杨氏方程:

$$\cos \theta = \frac{\gamma_{SV} - \gamma_{SL}}{\gamma_{LV}} \tag{4.6.1}$$

式中,γ_{SV},γ_{LV},γ_{SL} 分别为固-气界面、液-气界面、固-液界面间的表面自由能(或表面张力)。

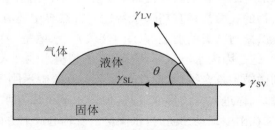

图 4.6.2　接触角的定义

根据上面公式可以利用接触角来描述液体在固体表面的润湿状况:当 $\theta = 0°$ 时,是完全润湿,表面为超亲液表面;当 $0° < \theta < 90°$ 时,是润湿,表面为亲液表面;当 $90° < \theta < 150°$ 时,是不润湿,表面为疏液表面;当 $150° < \theta < 180°$ 时,是不润湿,表面为超疏液表面;当 $\theta = 180°$ 时,是完全不润湿。

由于在实际中固体的表面很难是均匀的、光滑的理想表面,固体表面本身不均匀或者受到一些杂质的污染,因此液滴与固体表面之间真正的接触角是没有办法测量的,我们所测得的只是它的表观接触角。1936 年，提出了非理想的、粗糙的表面下的润湿方程，如图 4.6.3(a)所示，即 Wenzel 方程：

$$\cos\theta_W = \frac{r(\gamma_{SV} - \gamma_{SL})}{\gamma_{LV}} = r\cos\theta \tag{4.6.2}$$

式中，r 表示固体表面的粗糙度($r \geqslant 1$)；θ_W 表示 Wenzel 模型下的粗糙表面的表观接触角。

(a) Wenzel模型　　　　　　(b) Cassie-Baxter模型　　　　(c) Wenzel和Cassie-Baxter共存模型

图 4.6.3　水滴在粗糙固体表面的不同状态模型

根据 Wenzel 方程我们知道，粗糙程度对固体表面的润湿行为有增强作用：对亲液性表面，提高表面的亲液性是通过增加粗糙度；对疏液性表面，提高表面的疏液性是通过增加粗糙度。由于 Wenzel 模型仅仅适用于稳定状态，而在实际中液滴处于一种亚稳定状态中，Cassie 和 Baxter 进一步拓展了 Wenzel 模型，提出当液体与不均匀的粗糙固体表面接触时，假设气体的复合界面如下式所示：

$$\cos\theta_{CB} = f_1\cos\theta_1 + f_2\cos\theta_2 \tag{4.6.3}$$

式中，θ_{CB} 为平衡接触角；θ_1，θ_2 分别为液滴在两种介质构成的同质光滑表面的本征接触角；f_1，f_2 分别为两种介质在单位表面积中所占的面积分数($f_1 + f_2 = 1$)。

Cassie-Baxter 模型适用于多孔或者能够储存空气的结构，是具有粗糙表面的物质。当疏水性较强的时候，液滴不能填满粗糙的凹槽间隙，空气保留在凹槽内如图 4.6.3(b)所示，此时液滴在空气中的接触角 θ_2 为 180°，因此

$$\cos\theta_{CB} = f_1(\cos\theta_1 + 1) - 1 \tag{4.6.4}$$

在 Wenzel 模型状态与 Cassie-Baxter 模型状态之间存在着一个临界的接触角 θ_i：

$$\cos\theta_i = \frac{f_1 - 1}{r - f_1} \tag{4.6.5}$$

当 $0° < \theta < \theta_i$ 时，液滴处在 Wenzel 模型状态；当 $\theta > \theta_i$ 时，液滴处在 Cassie-Baxter 模型状态。然而在现实中液滴在粗糙的固体表面存在 Wenzel 模型状态的同时也存在 Cassie-Baxter 模型状态，如图 4.6.3(c)所示。在实际进行实验的过程中，当液滴被挤压或者周围环境相对潮湿的情况下，Cassie-Baxter 模型状态会向 Wenzel 模型状态转变。当 Cassie-Baxter 模型状态越稳定的时候，粗糙度较大，Cassie-Baxter 模型状态和 Wenzel 模型状态之间能垒就越高。

3. 疏水表面的制备方法

超疏水表面的形成主要来源于以下两种途径：一种是对多层几何粗糙表面选择低表面能的材料来进行疏水化修饰；另一种是通过在疏水表面构造多层次的几何粗糙结构。

常见的制备超疏水涂层的低表面能材料主要有烷烃类化合物、有机硅化合物、含氟化合物

等。烷烃类化合物主要是含有功能基团(如羧基、巯基)的一类烷烃小分子化合物(如脂肪酸、十八烷基硫醇等)或聚合物(如聚苯乙烯、聚丙烯和聚二乙烯基苯等)。由于长链烷烃的存在,这类化合物或聚合物能赋予基材表面较好的疏水性。通常通过在粗糙表面修饰带功能性基团的烷烃小分子化合物或在聚合物表面构造粗糙度来制备超疏水表面。有机硅化合物一般具有良好的疏水性,其小分子化合物(如硅氧烷偶联剂、氯硅烷等)通常可水解产生羟基等与基材表面的基团反应,实现对基材表面疏水化修饰。同时,有机硅聚合物也是一种优良的成膜物质,在有机硅涂层表面构造粗糙度可以获得理想的超疏水表面。含氟化合物一般也分为小分子含氟化合物与含氟聚合物。含氟化合物除了可以赋予基材表面优良疏水效果外,还可以使材料具有良好的疏油性。通过含氟化合物修饰的超疏水表面通常具有疏油甚至超疏油的性能。

要构造一个超疏水表面,选择低表面能的物质作为表面材料是必需的,而在表面构建微观几何粗糙度是关键的。超疏水表面的构造方法有很多。

(1) 模板法。模板法是指通过在一些具有特殊结构的母板上采用挤压或渗透作用使高分子预聚体等覆盖到模板表面,对母板进行复制,然后脱模取出复制品或将模板溶解形成涂层。具有操作简单、重复性好等优点。

(2) 溶胶-凝胶法。溶胶-凝胶法是将化合物前驱体加入水中使其发生水解和缩合等化学反应,利用溶胶粒子间交联形成三维网络结构的凝胶,经过干燥、烧结固化制备出具有纳米结构的材料,再通过对这些材料进行疏水化处理制备超疏水涂层。

(3) 沉积法。沉积法是通过在基材表面沉积一层或多层材料的方法。主要包括电化学沉积法和气相沉积法,而气相沉积法又分物理气相沉积法(PVD)和化学气相沉积法(CVD)等。该方法的优点在于能通过在不同基材的表面上进行沉积修饰制备超疏水涂层。

(4) 静电纺丝(Electrostatic Spinning)法。静电纺丝是将聚合物溶液或熔体置于高压静电场中,在电场作用下,带电的聚合物液滴被拉伸,形成喷射细流,当细流中的溶剂挥发或聚合物固化时,可形成无纺布状的微纳米纤维膜。通过静电纺丝的方法可以将溶液或熔体制成纤维状多层次的网状结构,这种结构对于制备超疏水是十分有利的。

(5) 刻蚀法。刻蚀法是构造几何粗糙表面的一种有效而直接的技术方法,其形式十分多样,如激光刻蚀、化学刻蚀、模板刻蚀、等离子体刻蚀以及机械刻蚀等。通过刻蚀法制作超疏水表面时一般有两种途径:一是在低表面能表面上直接刻蚀,构造粗糙度,即可得到超疏水表面;二是采用刻蚀的方法构造一个粗糙基材,然后在基材表面修饰低表面能材料即可得到超疏水表面。

4. 疏水表面的应用

超疏水表面具有特殊的性能,近几年来在仿生界取得了大量的研究成果和潜在的应用价值,已经引起了人们广泛的兴趣和关注。很多研究人员提出了制备超疏水表面的方法,其在各种应用方面也得到了广泛的发展。

(1) 超疏水自清洁。与荷叶类似,具有自清洁功能的表面除了有较大的接触角外,液滴在其表面的滚动角也要足够小。水滴在这样的表面容易滚落,并在滚落的过程当中将表面的灰尘颗粒带走,从而起到自清洁的效果。

(2) 耐腐蚀。金属材料的氧化和腐蚀一般与环境的湿度有着直接的关系。采用隔绝水汽的方法可以有效防止金属材料的氧化与腐蚀。通常会采用疏水性油漆涂抹的方式来隔绝金属表面与水汽的接触。通过在金属表面构建粗糙结构与低表面能材料修饰的方式,使金属表面具有超疏水的功能。另外,此功能层对各种酸碱性的水溶液也有很好的超疏特性。同时有些表面还具有自清洁的效果,可以起到防腐与自清洁的双重功能。

（3）减阻。超疏水涂层减少了固体表面与液体之间的直接接触,同时在液体和固体表面之间形成了一层空气膜,因此可以大大降低液体对具有超疏水性物体的运动阻力。

（4）油水分离。通过调节超疏水表面的微观结构及表面能,可以制备出兼具超疏水性与超亲油性的涂层。当混有水和油的液体与该表面接触时,由于其本身的超亲油性,可以使油铺展于涂层的表面。同时由于其自身的超疏水性,可以阻隔液体与该表面的接触,从而达到油水分离的效果。

（5）增加载重。水蛭的腿具有超疏水性,在与水面接触时依靠其自身重量对水面弯曲所产生的表面张力漂浮在水面上。同时,依靠这种表面张力作用,水蛭的腿在被浸没之前载重可以超过 300 倍排开液体的重量,约 15 倍于水蛭的体重。因此,采用具有超疏水性的材料制备成的器件具有很好的负重能力。

（6）防雾防冰冻。当水汽在固体表面不均匀凝结时,会出现结雾的现象。这主要是由液滴对光线的散射所致。若水汽在固体的表面均匀凝结或者无法在固体的表面凝结,就可以有效地防止固体表面起雾。这也表明解决结雾有两种途径:一是使表面超亲水化,液滴能在固体表面铺展开来,均匀成膜;另一种是使表面超疏水化,液滴不能在固体表面黏附。

本实验采用简单的盐酸（HCl）刻蚀的方法,在铁片表面构造具有多层次的几何结构,再利用硬脂酸对表面进行疏水化处理,制备疏水铁片,并对其接触角进行测量。

【实验仪器和材料】

1. 实验仪器

恒温磁力搅拌器、电子分析天平、恒温水浴锅、干燥箱、接触角测量仪（图 4.6.4）等。

2. 实验材料

铁片、盐酸、无水乙醇、双重蒸馏水、硬脂酸等。

【实验内容和步骤】

1. 溶液的配制

刻蚀液:分别配制 3 mol/L HCl 溶液和 8 mol/L HCl 溶液。

疏水改性溶液:配制 0.02 mol/L 硬脂酸乙醇溶液。

2. 铁片的预处理

首先,采用磨砂纸对铁片表面进行打磨,直到铁片表面展现出类似镜面的亮光为止,以除去铁片表面的保护层。其次,将铁片浸入乙醇水溶液中,在恒定功率下利用超声波清洗铁片表面残留的油脂和灰尘,超声时间为 15 min。

图 4.6.4　接触角测量仪

3．铁片的刻蚀

将铁片用蒸馏水清洗干净后浸入不同浓度的 HCl 溶液中（3 mol/L HCl 溶液和 8 mol/L HCl 溶液），刻蚀时间为 30 min，刻蚀后取出并用蒸馏水清洗铁片表面。

4．疏水铁片的制备

将刻蚀后的铁片放置到 0.02 mol/L 硬脂酸的乙醇溶液中进行疏水化改性，改性温度为 40 ℃，改性时间为 15 min。最后，取出铁片，用蒸馏水清洗铁片表面，并将铁片移至 80 ℃烘箱中烘 30 min，烘干后得到疏水铁片。

5．性能测试

静态接触角测量：采用接触角测量仪测试表面对水的接触角，并利用其自带的照相机拍取照片。水滴大小为 5 μL，记录测试结果。分别对预处理的铁片、刻蚀的铁片和疏水的铁片进行接触角的测量并比较其接触角的变化。

【数据分析及处理】

1．铁片预处理后接触角测量

采用接触角测量仪测试预处理后铁片表面对水的接触角，并利用其自带的照相机拍取照片。将实验结果记录于表 4.6.1 中。

表 4.6.1　预处理铁片的接触角测量数据

实验条件	超声时间为	min;水滴大小为	μL
液滴编号	左接触角	右接触角	平均值
1			
2			
3			
4			
平均接触角			

2. 刻蚀后铁片接触角的测量

超疏水表面的形成与其表面低表面能材料和几何粗糙度有关。HCl 溶液可以与铁片表面的金属铁发生置换反应。采用接触角测量仪测试刻蚀后铁片表面对水的接触角(表 4.6.2),并利用其自带的照相机拍取照片。探究 HCl 溶液的浓度对粗糙度和接触角的影响。

表 4.6.2　刻蚀后铁片的接触角测量数据

实验条件	HCl 溶液浓度为	mol/L;刻蚀时间为	min
液滴编号	左接触角	右接触角	平均值
1			
2			
3			
4			
平均接触角			

3. 硬脂酸疏水处理铁片表面接触角测量

采用硬脂酸乙醇溶液对铁片表面进行疏水化处理,硬脂酸的羧基可以与金属表面的羟基发生反应,在表面形成低表面能的脂肪烃链段,该反应过程比较迅速。因此,在很短的改性时间内铁片表面就会沉积一层涂层,赋予表面良好的疏水性能。采用接触角测量仪测试疏水处理后铁片表面对水的接触角(表 4.6.3),并利用其自带的照相机拍取照片。

表 4.6.3　疏水铁片的接触角测量数据

实验条件	硬脂酸溶液浓度为	mol/L;改性时间为	min
液滴编号	左接触角	右接触角	平均值
1			
2			
3			
4			
平均接触角			

【实验注意事项】

(1) 测定前仔细了解仪器的使用方法；每次测试完毕注意保存数据再进行下次测试。

(2) 在取用盐酸刻蚀液时，应严格遵守操作规程。

【实验报告要求】

(1) 简述疏水表面的基本原理、制备方法及应用。

(2) 掌握疏水铁片的制备步骤和接触角测试方法。

(3) 利用接触角测量仪进行疏水铁片的润湿性研究，记录并分析测试数据。

【思考题】

(1) 预处理后的铁片接触角是怎样的？润湿性属于哪种？

(2) 盐酸刻蚀后的铁片接触角发生了怎样的变化？不同浓度的盐酸对接触角的影响规律是怎样的？

(3) 硬脂酸改性后铁片接触角发生了怎样的变化？为什么？

实验 7　MoS₂材料的水热合成及其电化学传感性能测试

电化学检测是根据溶液中物质的电化学性质及其变化规律，建立在以电位、电导、电流和电量等电学量与被测物质某些量之间计量关系的基础之上，对组分进行定性和定量的分析方法。这种分析方法在建立之初就是针对溶液中的物质，非常适合水环境中重金属离子的检测。18世纪出现了电解分析和库仑滴定法，1922 年极谱的问世，标志着电化学检测发展到了新的阶段。现如今随着纳米技术的不断发展，电化学传感技术进入了蓬勃发展的时代，新材料以及新的电极构筑方法的出现给电化学传感技术带来了前所未有的机遇和挑战。

【实验目的】

(1) 掌握 MoS₂材料的水热合成的制备过程。

(2) 了解电化学传感性能测试的工作原理。

(3) 掌握测试材料电化学传感性能的方法。

【实验原理】

水环境中重金属离子的监测问题亟须解决，而电化学检测则为这一问题的解决提供了新的契机。迄今为止，已经有很多种电化学方法被应用于重金属离子的检测，例如离子选择电极法、极谱分析法、电位分析法、溶出伏安法等，其中溶出伏安法被认为是检测重金属离子最有效的方法，目前应用也最为广泛。溶出伏安法按照电压施加的方式可以分为方波伏安法、循环伏安法、差分脉冲伏安法，按照检测物质在工作电极上发生的氧化或者还原反应可以分为阳极溶出和阴极溶出。

多采用方波阳极溶出伏安法对重金属离子进行检测,包括富集、溶出、脱附三个过程。在施加一定负电压的情况下,待测重金属离子首先在电极表面富集并还原成金属态;随后在电化学检测窗口的电压范围内再次发生氧化,给出氧化电流的方波伏安峰,可根据峰电流与待测物的浓度建立的线性关系实现重金属离子的分析检测;最后施加一个恒定的正电压,将溶出过程中未全部氧化的重金属全部氧化后扩散到溶液中,进入下一个浓度的检测。由于伏安法在检测之前有富集这一过程,可以将溶液中的待测物富集到电极的表面,非常有利于检测灵敏度的提升。此富集方法在裸电极的工作过程可具体描述如下:对工作电极施加一个负的电压使溶液中的待测重金属离子(M^{n+})在电极表面被还原成金属单质(M^0)并被固定,此过程如图 4.7.1(a)所示。当电极表面有吸附性材料修饰时,溶液中的重金属离子要先被吸附到吸附性材料表面,而后被吸附的 M^{n+} 再从材料表面释放到电极表面并被还原成 M^0,此过程如图 4.7.1(b)所示。

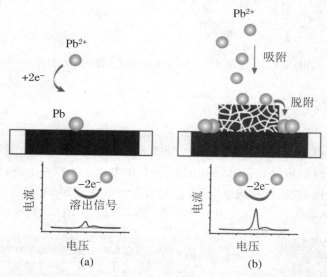

图 4.7.1　重金属离子 Pb^{2+} 在裸电极和纳米材料修饰电极表面的氧化-还原过程
（即溶出伏安法测试电化学传感性能机理图）

从图 4.7.1 还可以看出,当电极表面修饰的纳米材料对待测物离子有较好的吸附性能时,大量的待测重金属离子被吸附而聚集在工作电极附近,而后扩散到电极表面发生还原-溶出反应,因此得到强的溶出响应。与纳米材料修饰的工作电极相比,裸工作电极对重金属离子的富集效率要低一些,因此溶出响应电流较小。这也是纳米材料修饰剂可增强重金属离子电化学检测信号的原因。纳米材料具有较大的比表面积,有利于待测物离子的扩散,一些金属和碳基纳米材料具有良好的导电性,具有有利于电子传输等一系列优势,利用纳米材料修饰电极就是希望纳米材料的使用可以进一步加大待测物离子在电极表面的富集和还原。所以,开发具有更好吸附性能和更有效的催化性能的有利于检测的纳米材料来提升电极的分析效果,可为电化学检测的进一步实用化提供助力。

方波伏安法检测重金属离子是采用传统的三电极系统,参比电极、对电极和工作电极组成两个电化学回路,如图4.7.2所示。工作电极和对电极构成极化回路,用来改变电路中的电压或者电流;而工作电极和参比电极构成测试回路,测试电路中的电压和电流变化。三电极系统测量和操作电路实现了很好的分别控制,有利于测量信号的收集和不受干扰。检测体系中的溶液通常为电解质溶液(也叫缓冲溶液),用于传输电流。工作电极通常为玻碳电极(GCE),具有良好的导电性。

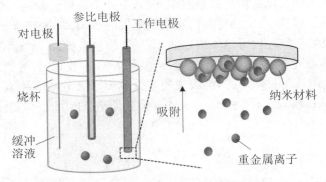

图4.7.2　电化学三电极系统检测重金属离子示意图

【实验仪器和材料】

1. 实验仪器

本实验中MoS_2材料的制备需要用到电子分析天平、磁力搅拌器和恒温烘箱,所涉及的电化学性能测试实验在上海辰华仪器有限公司CHI760E型电化学工作站上进行,如图4.7.3所示。测试采用标准的三电极系统:以裸玻碳电极(直径为3 mm)或者MoS_2纳米片材料修饰的玻碳电极作为工作电极,以标准的Ag/AgCl电极作为参比电极,以铂丝作为对电极(辅助电极)。

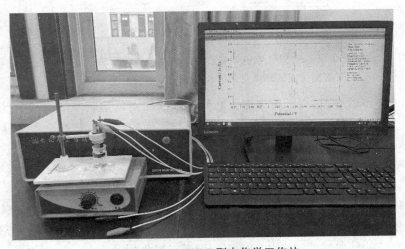

图4.7.3　CHI760E型电化学工作站

2．实验材料

$(NH_4)_6Mo_7O_{24} \cdot 4H_2O$、硫脲、氧化铝$(Al_2O_3)$粉末等。

【实验内容和步骤】

1．MoS₂ 材料的制备

将 1.164 g $(NH_4)_6Mo_7O_{24} \cdot 4H_2O$ 和 2.284 g 硫脲均匀地分散在 40 mL 超纯水中，室温下磁力搅拌 1 h 使得溶液充分混合。之后将溶液置于聚四氟乙烯反应釜中，在恒温烘箱中于 200 ℃条件下保持 20 h。待反应结束，冷却至室温，对黑色的反应产物使用无水乙醇和超纯水清洗有机物及离子等杂质，离心收集沉淀并干燥。

2．测试电极的构筑

将 5 mg 的 MoS₂ 纳米片材料分散到 5 mL 的超纯水中，超声分散均匀，配制成浓度为 1 mg/mL 均匀混合分散液。裸玻碳电极在修饰之前需要进行抛光处理，依次使用 1.0 μmol/L、0.3 μmol/L 和 0.05 μmol/L 的氧化铝(Al_2O_3)粉末抛光。之后依次在 1∶1 的硝酸溶液、无水乙醇溶液和超纯水中超声 45 s，清洗干净之后使用氮气(N_2)吹干。使用移液枪取之前配制好的 MoS₂ 纳米片材料分散液 7 μL 滴加到玻碳电极表面，室温条件下静置，直至溶剂完全蒸干（约 8 h），即可得到 MoS₂ 纳米片修饰的玻碳电极。

3．电化学性能测试

（1）准备 10 mL 缓冲溶液装入专用小烧杯中，并在烧杯中放置小磁子，将参比电极、对电极和工作电极放置到电极架上固定，并将三个电极低端浸没在缓冲溶液中，随后将三个电极分别连接到工作站对应的三个电极夹上。

（2）打开电化学工作站和电脑上控制工作站的软件 CHI760E Electrochemical Workstation。通过"File"新建三个工作窗口，再通过"Technique"和"Parameter"分别设置测试流程中的三个过程（即富集、溶出、脱附）对应的参数：富集过程选择 I-T 曲线，富集时间 120 s，富集电压 −1 V；溶出选择 SWV，起始电压 −0.6 V，结束电压 0.6 V；脱附选择 I-T 曲线，脱附电压 0.7 V，时间 120 s。

（3）依次调出富集、溶出、脱附对应窗口并按软件中"Run"按钮进行工作，其中溶出过程会出现重金属离子对应的电流-电压曲线，可以获得不同浓度重金属离子对应的电流大小。依次测出空白样以及加入 1～5 μmol/L Pb²⁺后的溶出伏安曲线，通过"Save"进行数据保存，为后续绘制图片和数据处理做准备。测试结束后，依次关闭工作站、撤掉电极夹、清洗三个电极、回收废液、处理数据。

【数据分析及处理】

（1）待测试获得一系列浓度对应的电流值后，绘制出电流-电压关系图并借助作图软件（如 Origin）拟合出电流-浓度对应的线性关系图，得到线性图的斜率（即测试灵敏度）和对应线性图中的相关系数 R^2。相关系数越接近于 1，一般说明测试准确性越高。

（2）对比裸电极与修饰 MoS₂ 材料的电极灵敏度的差异，分析存在差异可能的原因。

【实验注意事项】

(1) 材料制备在高温反应釜中进行,要等反应釜冷却至室温后才能打开反应釜盖进行样品洗涤。

(2) 测试过程中要遵守操作规范,切勿随意改变电极接线顺序!

(3) 测试过程中取重金属离子必须佩戴手套,规范操作并回收废液。

【实验报告要求】

(1) 简述电化学检测重金属离子的基本原理。

(2) 简述电化学传感性能测试的基本操作步骤。

(3) 绘制电流-电压关系图及电流-浓度对应的线性关系图,算出对 Pb^{2+} 的检测灵敏度,并分析与裸电极相比修饰电极灵敏度增强的主要原因。

【思考题】

(1) 阳极溶出伏安法能检测的重金属离子满足什么条件? 是否所有的金属离子都可以用电化学检测?

(2) 缓冲溶液的作用是什么? 是否可以用水替代?

(3) 材料制备和电极构筑过程中应注意什么问题?

实验 8　固相反应的热分析实验

固相反应是材料制备中一个重要的高温动力学过程。固体和固体之间能否进行反应、反应完成的程度、反应过程的控制等将直接影响材料的显微结构,并最终决定材料的性质。因此,研究固相反应机理和动力学规律,对传统和新型无机非金属材料的生产都具有重要的意义。

【实验目的】

(1) 掌握热重分析法(TG)的原理,熟悉采用 TG 研究固相反应的方法。

(2) 通过 Na_2CO_3-SiO_2 系统的反应验证固相反应的动力学规律——杨德方程。

(3) 通过作图计算出反应的速度常数和反应的表观活化能。

【实验原理】

固体材料在高温下加热时,其中的某些组分分解逸出或固体与周围介质中的某些物质作用使固体物系的质量发生变化,如盐类的分解、含水矿物的脱水、有机质的燃烧等会使物系质量减少,高温氧化、反应烧结等则会使物系质量增加。

热重分析法及微商热重法(Derivative Thermogravimetry,DTG)是在程序控制温度下测量物质的质量与温度关系的分析技术。热重分析法所得到的曲线称为 TG 曲线(即热重曲线),

TG 曲线以质量为纵坐标，以温度或时间为横坐标。微商热重法所记录的是 TG 曲线对温度或时间的一阶导数，所得的曲线称为 DTG 曲线。现在的热重分析仪常与微分装置联用，可同时得到 TG 和 DTG 曲线。通过测量物系质量随温度或时间的变化来揭示或间接揭示固体物系反应的机理和/或反应动力学规律。

　　在固相反应过程中，物质的迁移以及迁移速度对固相反应速度和反应机理有重要的影响。从反应机理分类，固相反应一般分为扩散速度控制反应过程、化学反应速度控制过程、晶核成核速度控制过程以及升华控制过程等。在无机材料制备中的固相反应大都属于扩散控制过程。固体物质中的质点，在高于绝对零度的温度下一般在其平衡位置附近做谐振动。温度升高时，振幅增大。当温度足够高时，晶格中的质点就会脱离晶格平衡位置而进行扩散，与周围其他质点产生换位作用，在单元系统中表现为烧结，在二元或多元系统则可能有新的化合物出现。这种扩散在没有外场作用的时候是一种无序扩散，如果有外场作用就会产生定向的物质流。

　　没有液相或气相参与，由固体物质之间直接接触发生反应称为纯固相反应。实际生产过程中所发生的固相反应，往往有液相和/或气相参与，这就是所谓的广义固相反应，即由固体反应物出发，在高温下经过一系列物理、化学变化而生成固体产物的过程，例如固体的分解、氧化、还原、熔化、固体与固体间的化学反应、固体与液体间的化学反应等。在发生广义的固相反应的时候，反应物之间可以不发生直接接触，其中某一个固体反应物可以变成气相或者转变成液相后，通过质点的扩散再和另外的物质进行反应，所以绝大部分的固相反应都是广义的固相反应。

　　广义的固相反应属于非均相反应，由于是固体反应物参加反应，因此它的反应活性较低、反应速度较慢。描述其动力学规律的方程通常采用转化率 G（消耗掉反应物的量与原始反应物的量的比值）与反应时间 t 之间的积分（微分）关系来表示。特别是在硅酸盐领域里，大部分固相反应的反应物是粉状的，描述它们的动力学规律时常用的有杨德方程、金斯特林格方程等。

　　测量固相反应速度，可以通过 TG（适用于反应中有质量变化的系统）、量气法（适用于有气体产物逸出的系统）等方法来实现。本实验通过热重分析法来考察 Na_2CO_3-SiO_2 系统的固相反应，并对其动力学规律进行验证。

　　Na_2CO_3-SiO_2 系统固相反应按下式进行：

$$Na_2CO_3 + SiO_2 \longrightarrow Na_2SiO_3 + CO_2 \uparrow$$

　　恒温下通过测量不同时间 t 时失去的 CO_2 的质量，可计算出 Na_2CO_3 的反应量，进而计算出其对应的转化率 G，来验证杨德方程

$$[1 - (1 - G)^{1/3}]^2 = K_j t \qquad (4.8.1)$$

$$K_j = A\exp[-Q/(RT)] \qquad (4.8.2)$$

的正确性。式中，K_j 为杨德方程的速度常数；t 是发生固相反应的反应时间；Q 为反应的表观活化能。改变反应温度，则可通过杨德方程计算出不同温度下的 K_j 和 Q。具体计算过程如下：根据式（4.8.1），以 t 为横坐标，$[1 - (1 - G)^{1/3}]^2$ 为纵坐标作线性关系曲线，该直线的斜率就是

反应速度常数 K_j。在此基础上,再根据式(4.8.2)来获得固相反应的表观活化能 Q。这里,由于在 K_j 和 Q 的表达式(4.8.2)中存在未知常数 A 值,还需要在不同的温度下,获得另一个速度常数 K_j,从而计算出反应的表观活化能 Q。

本实验采用如图 4.8.1 所示装置系统,故需要热天平。热天平由仪器主体、电子天平和温度控制器组成,可选用气氛控制系统和计算机系统。热天平与普通天平不同,它在升温过程中连续测量和记录样品的质量变化,属于动态测量技术。即使使用在室温下漂移很小的高精确度天平,在升温过程中浮力、对流、挥发物的凝聚等都可使 TG 曲线基线漂移,大大降低热重测量的准确性。因此,在样品热重测量之前应空载升温校正基线,记录空载时每一温度间隔的质量数值 $P_空$。

在热重分析仪中,由于热电偶不与样品接触,样品真实温度与测量温度之间是有差别的。另外,由于升温和反应的热效应往往使样品周围的温度分布紊乱,而引起较大的温度测量误差。为了消除由于使用不同热重分析仪而引起的热重曲线上的特征分解温度的差别,需要对热重分析仪进行温度校正。

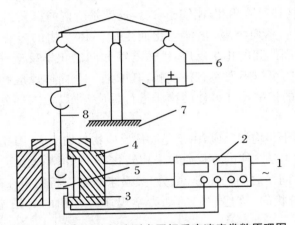

图 4.8.1　热重分析法测定固相反应速度常数原理图

1. 电源;2. 温度控制器;3. 热电偶;4. 管式电炉;

5. 刚玉坩埚;6. 热天平;7. 桌面;8. 白金丝

【实验仪器和材料】

1. 实验仪器

热天平、马弗炉、鼓风干燥箱、刚玉坩埚、玛瑙研钵、电子分析天平等。本实验采用的是德国耐驰 TG209F1 热天平,如图 4.8.2 所示。

2. 实验材料

$NaCO_3$(化学纯)、SiO_2(质量分数为 99.9%)。

图 4.8.2　德国耐驰 TG209F1 热天平

【实验内容和步骤】

1．样品制备

（1）将 Na_2CO_3 和 SiO_2 分别在玛瑙研钵中研细，过 250 目筛。

（2）SiO_2 筛下料在空气中加热至 800 ℃，保温 5 h，Na_2CO_3 筛下料在 200 ℃烘箱中保温 4 h。

（3）把上述处理好的 Na_2CO_3 和 SiO_2 原料按 $n_{Na_2CO_3}$：n_{SiO_2} = 1:1 配料，混合均匀，烘干，放入鼓风干燥箱中备用。

2．测试步骤

（1）开冷却水龙头，水量应适中。

（2）接通电炉电源，按预定的升温速率升温，一般为 10～20 ℃/min，达到 700 ℃时保温 5 min 后待测。

（3）称量样品，记录天平零点读数；将刚玉坩埚放入热天平左盘，记录读数，取出坩埚，装入大约 0.5 g 的样品，再记录天平读数。

（4）将装有样品的坩埚挂在热天平的挂钩上，提升电炉至限位点后固定住电炉。

（5）坩埚置入炉内的同时记录时间，以后每隔 1～3 min 记录一次时间和质量，直到失重停止。

（6）取出坩埚，倒去废样，重复上述步骤，重新装样，进行 750 ℃的测试。

（7）实验完毕，关闭电源，取出坩埚，将实验工作台物品复原。

【数据分析及处理】

（1）以表 4.8.1 的方式记录实验数据，以 $[1-(1-G)^{1/3}]^2$-t 作图。

（2）根据直线斜率，求出反应的速度常数 K_j。

（3）通过 700 ℃和 750 ℃时的速度常数 K_j 和 $K_j = A\exp[-Q/(RT)]$，求出反应的表观活化能 Q。

表 4.8.1 实验数据记录

反应时间 t/min	空坩埚质量 W_1/g	反应前坩埚与样品质量 W_2/g	反应后坩埚与样品质量 W_3/g	CO_2累计失质量 W_4/g	Na_2CO_3转化率 G	$[1-(1-G)^{1/3}]^2$	K_j

【实验注意事项】

(1) 电炉温度升到设定温度后,要稳定最少 5 min。

(2) 装样品以及固相反应发生时,温度会出现波动,此时不用去调整温度,随着反应的进行温度会稳定在设定温度。

(3) 读取反应体系的质量时,因质量不断减小,所以速度一定要快。

【实验报告要求】

(1) 简述采用 TG 研究固相反应的原理与方法。

(2) 根据实验记录数据,以 $[1-(1-G)^{1/3}]^2$-t 作图,并求出反应速度常数 K_j 和表观活化能 Q。

(3) 分析实验误差对结果的影响。

【思考题】

(1) 温度对固相反应速度有何影响? 其他影响因素有哪些?

(2) 本实验中失重规律是什么? 请给予解释。

(3) 影响本实验准确性的因素有哪些?

实验 9 固相反应法制备功能陶瓷的综合性实验

凡是由固相参与的化学反应都可称为固相反应。例如,固体的热分解、氧化、还原以及固体与固体之间、固体与液体间的化学反应等都属于固相反应。实际生产过程中所发生的固相反应,往往有液相或气相参与,是广义的固相反应。固相反应法是一种传统的制粉工艺,虽然有其固有的缺点,如能耗大、效率低、粉体不够细、易混入杂质等,但由于该法具有制备的粉体颗粒填充性好、成本低、产量大、制备工艺简单等优点,迄今仍是制备陶瓷粉体的常用方法。

【实验目的】

(1) 掌握高温固相反应法的原理与方法。

(2) 了解功能陶瓷制备过程中成型原理。

(3) 通过高温固相反应法合成 $La_{0.7}Sr_{0.3}MnO_3$ 来掌握制备功能陶瓷材料的整个工艺流程。

【实验原理】

功能陶瓷是指那些利用电、磁、声、光、热、力等直接效应及其耦合效应所提供的一种或多种性质来实现某种使用功能的先进陶瓷,其特点是品种多、产量大、价格低、应用广、功能全、技术高、更新快。与传统陶瓷相比,其具有以下特点:

(1) 在原料上,主要是利用化工、电子级原料,甚至是高纯物,而不是天然产物。

(2) 在制备工艺上,采用新的工艺技术,如成型上有等静压、离心注浆、流延等,烧结上有热压、气氛、微波、快速烧结等。

(3) 在陶瓷科学理论上,已发展成在一定程度上可根据实际要求进行特定的材料设计。

(4) 通过对陶瓷显微结构的分析,精确地了解陶瓷材料的结构及其组成,从而可人为控制工艺-显微结构-性能的关系。

(5) 功能陶瓷材料性能的研究使新的性能不断出现和优化,大大开拓了它的应用范围。

(6) 功能陶瓷材料无损评价技术的发展,加强了功能陶瓷材料使用上的可靠性。

制备功能陶瓷材料的方法有很多种,其中最成熟、应用最为广泛的则是高温固相反应法。组成陶瓷的物质不同,种类繁多,制造工艺因而多种多样,一般工艺以高纯粉末为原料通过精确称量→球磨→过筛→预烧结→造粒→成型→烧结等步骤,最终制得致密的陶瓷材料。

1. 原料的制备

传统陶瓷的原料制备,一般都是将前面计算好比例的粉料置于粉磨设备(如机械球磨装置)中磨碎成一定的细度。这种方法只适用于对粉料的特性(颗粒度、颗粒形状、粒度分布、团聚状态和相组分等)要求不高的情况。如果对粉料的均匀度、细度以及纯度要求较高,那么可以采用各种化学方法制备陶瓷粉体,如气相反应法、溶胶-凝胶法、化学共沉淀法等。

2. 混合(精确称量、球磨、过筛)和预烧结

原料经精确称量后与球磨介质(常为球状,一般用 ZrO_2、Al_2O_3、玛瑙等高硬度材料)及分散液体(通常为水或酒精)混在一起,经球磨、干燥、过筛后得到颗粒细小、混合均匀的粉末。均匀混合的粉末在高温下发生化学反应,合成所需的物相,此过程称为预烧结(又称煅烧)。对于传统陶瓷来说,大多采用球磨机来进行粉碎,那么粉碎的过程同时也是混合的过程,而且混合的均匀性一般也不成问题。但是对于先进陶瓷来说,通常采用细粉来进行配料混合,不需要额外的磨细过程,而这些细粉的混合过程就需要保证其均匀性。

3. 造粒

预烧结后的粉体再次进行球磨、干燥、过筛,并将得到的颗粒细小的粉末与少量有机物水溶液(如 PVA,PVB 等)混合在一起,研磨后过筛(此过程称为造粒),以增加粉末在成型过程中的可塑性和流动性,并减小粉末与模具间的摩擦。对于陶瓷而言,越细的陶瓷粉末越有利于高温

烧结,可达到降低烧成温度、提高性能的作用。但在成型时却不然,尤其对于干法成型来说,粉末的颗粒度越细,流动性反而不好,难以充满模具,易产生孔隙,降低其密度,因此在成型前要进行造粒。成型坯体质量与造粒颗粒的质量(颗粒的体积密度、堆积密度和形状)密切相关。造粒是在很细的粉料中加入塑化剂(如水)后,将小颗粒粉末制成大颗粒或团聚颗粒,使其具有一定假颗粒度级配的工艺过程,常用来改善粉末的流动性。造粒的方法有一般造粒法、加压造粒法、喷雾造粒法和冷冻干燥法。

4. 成型

将造粒后的粉末放置于金属模具中,并施加高压,即得到具有所需形状的压粉体(又称素坯或生坯),此过程称为成型。成型目的是制得一定形状和尺寸的压坯,并使其具有一定的密度和强度,它是获得高性能材料的关键。坯体在成型中形成的缺陷会在固化或烧成后极显著地表现出来。一般坯体的成型密度越高则烧成中的收缩越小,制品的尺寸精确度越容易控制。高坯体密度、低缺陷的近尺寸成型(烧成前后坯体尺寸变化很小)是当前成型工艺的发展方向。成型的方法基本上分为加压成型和无压成型。加压成型中应用最多的是模压成型。

模压成型是在较大压力下,将粉状坯料在钢模中压制而成的。其原理是,在压制成型过程中,随着压力增加,粉料颗粒产生移动和变形并逐渐靠拢,粉料中所含气体被挤压排出,模腔中松散的粉料成了较致密的坯体。加压开始时,颗粒滑移重新排列,将空气排出,坯体的密度急剧增加;压力继续增加时,颗粒接触点发生局部变形和破裂,砖坯密度比前一阶段增加缓慢;当压力超过某一数值(粉料的极限变形应力)后,再次引起颗粒滑移和重排,砖坯密度又迅速加大。其成型具体过程如下:

(1) 填料。喂料(将颗粒状粉料均匀地加入模具内),一般模腔内的填料深度是制品厚度的2～2.5倍,为了保证填料均匀,模套或下冲模稍许振动。

(2) 预压。以最大成型压力的1/6～1/3倍进行预压。要点是速度快、压力小,以便能排除空气,在压制过程中,粉料中的空气被压缩,压力可达3～4 kgf/cm^2(1 kgf/cm^2 = 9.8×10^4 N/m^2)。

(3) 排气。预压时,坯料中的空气被压缩,若不排除则导致坯体形成缺陷,此时上冲模抬起1～2 mm,短时间释压,让受压的空气膨胀排除。

(4) 终压。加压到最高压力,并在最高成型压力到达后保压一段时间,借以将坯体压实。

(5) 出模。顶出(将成型坯体从模具内顶出)、推坯(将坯体推出模腔的同时完成喂料),上冲模缓慢抬起,下冲模向上升起,加料器前进,推走压好的坯体,然后进入下一个循环。整个循环时间为3～4 s,自动压机的成型速度较快,目前的发展趋势是加快压制速度。

5. 烧结

烧结是指高温条件下,坯体表面积减小、孔隙率降低、机械性能提高的致密化过程。压粉体具有一定的强度和致密度,但其中仍存在很多气孔,需通过高温下的烧结过程予以排除。由于粉末颗粒细小,具有较高的表面能,这和高温一起构成了烧结过程的动力。在烧结动力的作用下,颗粒之间发生传质的过程,同时伴随着晶粒的长大、大部分气孔的排除、体积的收缩、密度的增大及强度的提高,最终得到致密的陶瓷材料。

按烧结过程中的物理、化学反应过程,烧结工艺一般分为四个阶段:

(1) 低温(室温～300 ℃)→排除残余水分。

(2) 中温(分解氧化阶段,300～950 ℃)→排除结构水,有机物分解、碳和无机物的氧化,碳酸盐、硫化物的分解,晶型转变等。

　　(3) 高温(950 ℃～烧成温度)→继续氧化、分解,形成新晶相和晶粒长大。

　　(4) 冷却阶段,液相结晶,冷却凝固,晶型转变。

　　在陶瓷制备工艺中还常常需要保温,保温的作用是使物理、化学反应更充分更完全,组织结构更趋于一致;要求保温时间适中,不能过长,否则会使一些晶粒熔解,或过分长大发生二重结晶,影响机电性能。一般陶瓷烧成温度为 1150～1250 ℃,保温时间在 1 h 以内;精陶素烧温度为 1120～1250 ℃,保温 2～3 h;日用陶瓷烧成温度为 1230～1400 ℃,保温 1～2 h;一般电瓷类产品需保温 4～6 h。

　　固相反应法通常具有以下特点:

　　(1) 固相反应一般包括物质在相界面上的反应和物质迁移两个过程。

　　(2) 一般需要在高温下进行。

　　(3) 整个固相反应速度由最慢的速度所控制。

　　(4) 固相反应的反应产物具有阶段性:原料→最初产物→中间产物→最终产物。

　　从机理上,一般认为固相反应过程经历四个阶段:反应物扩散→化学反应→产物成核→晶体生长。当成核速度大于生长速度时,有利于生成纳米微粒;如果生长速度大于成核速度,则形成块状晶体。影响固相反应速度的主要因素有:① 反应物固体的表面积和反应物间的接触面积;② 生成物的成核速度;③ 相界面间特别是通过生产物相层的离子扩散速度。

　　采用固相反应法合成功能 $La_{0.7}Sr_{0.3}MnO_3$(LSMO),工艺相对简单,原料利用率高,可减少原材料消耗和环境污染。La_2O_3,$SrCO_3$ 和 MnO_2 固体粉末混合物原料在高温有氧环境下反应生成 LSMO。以 LSMO 为例,其主要反应通式可以简写为

$$La_2O_3(s) + SrCO_3(s) + MnO_2(s) \longrightarrow La_{0.7}Sr_{0.3}MnO_3 + CO_2 \uparrow$$

【实验仪器和材料】

1. 实验仪器

　　高温箱式炉(图 4.9.1)、电子分析天平、手动压片机(图 4.9.2)、玛瑙研钵、刚玉坩埚、烧杯若干等。

图 4.9.1　KSL-1700X-A3 型高温箱式炉

图 4.9.2　YLJ-24T 手动压片机

2. 实验材料

La_2O_3、$SrCO_3$、MnO_2、无水乙醇、聚乙烯醇或胶水、去离子水等。

【实验内容和步骤】

（1）自行选择实验所需的原料，独立进行配方计算。

（2）将上述精确称得的药品放于玛瑙研钵中，充分混合、研磨 40～60 min，然后转移到刚玉坩埚中，置于高温箱式炉里，在 1100 ℃的空气中预烧结 24 h。

（3）取出预烧结后的粉体，再次研磨，加入浓度为 2%（质量分数）的聚乙烯醇后充分研磨（或滴入适量的胶水）造粒。

（4）将造粒后的粉料放入金属模具内，用手动压片机压制成型，获得陶瓷坯体。

（5）最后将陶瓷坯体置于高温箱式炉里，在 1400 ℃空气中烧结 12 h，样品在切断电源的炉中缓慢冷却到室温。

【数据分析及处理】

（1）记录原材料的理论质量与实验称量质量，完成表 4.9.1。

表 4.9.1　原材料称量记录表

原材料	理论质量/g	实验称量质量/g
La_2O_3		
$SrCO_3$		
MnO_2		

（2）将合成的块材，再次研磨成粉末，通过 X 射线衍射仪测定合成陶瓷材料的物相并分析。

【实验注意事项】

（1）进入实验室，要按照规定穿戴必要的工作服并佩戴手套和口罩，以防止药品对身体造成伤害。

（2）熟悉高温箱式炉的操作方法，操作时，要佩戴防高温手套，以免烫伤。

（3）在进行使用高温装置的实验时，要保持室内通风良好。

（4）禁止在实验室饮食。

（5）在使用压片机时，要注意模具的清洁和维护。每次使用后，要及时清洁模具，并涂上一层防锈油，以防生锈和损坏。

【实验报告要求】

（1）完成表格 4.9.1，记录用高温固相反应法制备 LSMO 的实际操作步骤。

（2）简述本实验中手动压片机的工作原理及注意事项。

（3）每位同学都要亲自操作，整理完整的实验数据，并将自己合成的粉末进行 XRD 分析，写出实验报告。

【思考题】

(1) 高温反应合成实验中,影响反应速度的主要因素有哪些?

(2) 制备功能陶瓷材料的固相反应法中每个步骤的目的是什么?

(3) 降低烧结温度成为新型陶瓷研究中的一个重要方向,如何有效降低陶瓷制备中的烧结温度?

实验 10　脉冲激光沉积制备薄膜

脉冲激光沉积(Pulsed Laser Deposition,PLD)是一种制备薄膜材料的技术,它是伴随着激光技术的发展而一步步发展起来的。在 20 世纪 60 年代,世界上第一台红宝石激光器诞生后不久,人们就开始了激光与物质相互作用方面的研究。1987 年,美国贝尔实验室的 D. Dijkkamp 等人用 PLD 技术(KrF 准分子激光器)成功制备了高温超导薄膜。而后,Greer 等人通过激光束扫描靶材的方法制备了较大面积的薄膜,从此在世界范围内掀起了一股用 PLD 技术制备薄膜的热潮,从而使 PLD 技术获得迅速发展。现在 PLD 技术已经成为一种很有发展潜力的薄膜生长技术,而且它具有极大的兼容性便于引入新技术。现在用它制备的薄膜已经超过 200 种,尤其在制备具有多元素和复杂层状结构的各种氧化物薄膜等方面显示出了其独特的优越性。

【实验目的】

(1) 了解脉冲激光沉积方法制备薄膜的实验原理。

(2) 学会利用脉冲激光沉积方法制备薄膜。

【实验原理】

1. PLD 的基本物理过程

PLD 是将脉冲激光器所产生的高功率脉冲激光束聚焦作用于靶材表面,使靶材表面产生高温及熔蚀,并进一步产生高温高压等离子体,这种等离子体定向局域膨胀发射,并在衬底上沉积而形成薄膜。目前在所用的脉冲激光器中准分子激光器效果最好。强脉冲激光作用下的靶材物质聚集态迅速发生变化,成为新的状态而跃出,直达衬底表面凝结成薄膜。

高强度脉冲激光照射靶材时,靶材吸收光波能量,温度迅速升高至蒸发温度而产生熔蚀,使靶材气化蒸发。瞬时蒸发气化的物质与光波继续作用,使其绝大部分电离并形成局域化的高浓度等离子体,表现为一个具有致密核心的闪亮的等离子体火焰。等离子体火焰形成后,继续与激光束作用,吸收激光束的能量,产生进一步电离,使等离子体区的温度和压力迅速提高,使其沿靶面法线方向向外做等温(激光作用时)和绝热(激光终止后)膨胀发射,在这种高速膨胀发射的轴向约束下,可形成一个沿靶法线方向向外的细长的等离子体区,即所谓的等离子体羽辉。等离子体膨胀到达衬底最终沉积成膜。首先,气相的粒子在衬底上相互集聚在一起,不断地形成所谓的生长核,并且随着不断的沉积,核不断长大,在整个衬底上形成所谓的岛状结构。不断长大的生长岛会逐渐彼此接触并合,一直到形成整体连续的一层膜。根据需要,可以控制沉积条件一层一层地不断生长,直到薄膜的厚度达到预定目标。薄膜的生长是一个十分复杂的过程,其中包括烧蚀粒子(包括原子、分子、离子、原子团等)与衬底表面的相互作用、粒子之间的相互作用、衬底的温度、粒子的入射能量等因素,这些因素都对生长过程的演化有着重要影响。

根据薄膜生长的形态,将薄膜生长分为三种模式(图 4.10.1):

(1) 三维岛状生长,Volmer-Weber 型。原子先凝聚成核进一步吸附入射的原子,从而凝聚成岛状。

(2) 二维逐层生长,Frank-van der Merwe 型。原子一层一层生长,不会形成较大的三维岛。

(3) 层岛结合生长,Strarski-Krastanov 型。原子凝聚以及核的生长介于以上两者之间。

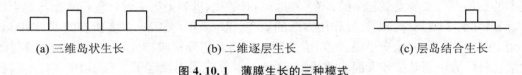

(a) 三维岛状生长　　　　　　(b) 二维逐层生长　　　　　　(c) 层岛结合生长

图 4.10.1　薄膜生长的三种模式

2. 脉冲激光沉积技术制备薄膜的理论模型

早在第一次用激光沉积薄膜的实验开始之后,人们就开始对激光与物质相互作用的复杂机理进行研究,但是用一个完整的、自洽的模型去解释 PLD 过程中出现的所有的物理现象是非常困难的。在 20 世纪 60 年代初,建立了最简单的"热效应"模型。这种模型基于当时低功率密度激光与金属表面的相互作用,能够较合理地解释低能量激光照射金属表面时产生的一些现象。但是,当电子 Q 开关短脉冲激光出现后,激光的功率密度已经超过 108 W/cm²,这种情况下,"热效应"模型就不能对实验中出现的物理现象给出合理的解释,例如,它忽略了激光与烧蚀产生的羽辉之间的相互作用等。此后,人们又试着建立了许多模型,用来解释 PLD 过程中的物理现象,如非平衡表面过程模型和冲击波模型等。但是每一种模型都有其自身的局限性,只能合理地描述脉冲激光沉积薄膜中的一部分物理现象,尤其是当高能量、短脉冲的激光应用于制备薄膜时,这些模型的局限性更大,同时也变得不合理。

3. PLD 技术的设备和工艺及 PLD 方法制备薄膜的典型示意图

如图 4.10.2 所示,激光经过凸透镜的聚焦,从窗口进入真空室,照射在靶材上。入射到靶面上的脉冲激光峰值功率较高,目的是使靶表面产生很高的温度,并使其熔化、蒸发,在生长室内形成高温高压的等离子体羽辉,羽辉沿着垂直于靶材表面的方向迅速膨胀,最终在衬底上沉积成膜。

PLD 设备主要由两部分组成:一是生长室,包括真空系统、加热系统和控制系统;二是准分子激光器。激光器所输出的激光经过两块反射镜的二次反射后,再通过凸透镜(焦距为 50 cm)会聚到靶材上,激光入射方向与靶材表面的夹角为 45°。

生长室内部有四个可以旋转的靶托和一个放置衬底的底盘,靶和衬底之间的距离在 30~70 mm 范围可调。四个靶托都可以以 5~60 r/min 的转速进行自转(可调),并且可以通过手动或自动调节,实现不同靶的生长,这样可以实现多层膜的生长,衬底的底座也可以以 5~

60 r/min 的转速进行自转（可调），这保证了生长薄膜的均匀性。衬底加热采用电阻加热方式，加热的极限温度为 800 ℃。生长室还配备了三路独立的进气管路，整个气体管路部分采用进口内外抛光的不锈钢管，使用 VCR 接口以及特种垫片实现连接，保证了真空系统的密封性，通过质量流量计对气体的流量实现精确控制。本设备配备了 2XZ-8B 机械泵以及 KYKY FD-600H 涡轮分子泵，系统极限真空度可达 10^{-5} Torr。

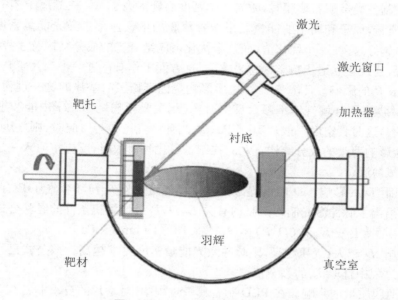

图 4.10.2　脉冲激光沉积装置示意图

　　PLD 技术的关键设备是激光器，PLD 技术的发展与激光器的发展是密切相关的。目前，PLD 技术中最常见的脉冲激光器是准分子激光器。准分子激光器是一种新型的可调谐激光器，它形成激光的关键是许多激发态分子所储存的能量释放成强紫外光，它需要产生高密度准分子，最常见的准分子是稀有气体和卤化物的分子，它们的波长全部处于紫外区。准分子激光器具有高脉冲等优点，并且还能在长脉冲和高重复率下工作。准分子激光器的工作气体为 ArF，KrF，XeCl 和 XeF，其波长分别为 193 nm、248 nm、308 nm 和 351 nm，光子能量相应为 6.4 eV、5.0 eV、4.03 eV 和 3.54 eV。准分子激光器一般输出脉冲宽度为 20 ns 左右，脉冲重复频率为 1～100 Hz，靶面能量密度可达 2～5 J/cm²。准分子激光为紫外短脉冲激光，其单光子能量高达 7.9 eV，大于大多数材料分子的化学键能，容易被金属、氧化物、陶瓷、玻璃和高分子材料吸收，而且易于聚焦，有良好的空间分辨率，能有效利用激光能量。

4. PLD 工艺参数对成膜质量的影响

　　我们采用的 PLD 生长腔体和控制系统是中国科学院沈阳科学仪器研究所生产的 PLD300 型脉冲激光沉积系统，它可以实现基片（即衬底）温度、真空室气流量和氧压、靶和基片间距和旋转等工艺参数的自动控制。在脉冲激光沉积生长薄膜过程中，各种工艺参数对薄膜质量的影响很大，包括基片温度、真空度、激光能量密度、频率等。PLD 制备薄膜的过程中影响薄膜质量的主要因素如下：

　　(1) 激光能量密度 E 的影响。激光能量密度要超过一定的阈值 E_{th}，才能使材料烧蚀溅射，这是因为在 PLD 过程中，激光与靶的作用从本质上区别于热蒸发过程，激光能量密度必须大到使靶表面出现等离子体，从而在靶表面出现复杂的层状结构 Knudsen 层，这是保证靶膜成分一致的根本原因。E_{th} 一般取 $0.1 \sim 0.5\,\text{J/cm}^2$。激光能量密度 E 是决定烧蚀产物中原子和离子类型及这些粒子具有的能量的关键因素之一。原子和离子的类型很大程度上决定了薄膜的成分和结构，如在制备类金刚石薄膜时，激光功率密度高则提高了 C^{3+} 在等离子体中的比例，进而提高了薄膜的质量，原子和离子的能量又影响着薄膜的生长速率。激光能量密度 E 不能过低，但也并非越高越好，存在一个优化值，而这个优化值应结合靶的成分结构及一些综合外部条件如气压、靶距等，通过建立适当数学模型来求取，这方面工作有待进一步深入研究。

　　(2) 环境气压 P 的影响。环境气压 P 主要影响烧蚀产物飞向基片的这一过程。其对沉积薄膜的影响分为两类：① 环境气体不参与反应时，气压主要影响烧蚀粒子内能和平动能，从而影响膜的沉积速率，这时真空度一般达 $10^{-3}\,\text{Pa}$；② 当环境气体参与反应时，则气压不仅影响膜的沉积速率，还会影响薄膜的成分结构，例如，在制备氧化物薄膜时，反应室通入一定量的氧气，可以避免产生缺氧薄膜。

　　(3) 基片-靶距 D 的影响。D 的设置与脉冲激光能量密度 E 和环境气压 P 有关。中国科学院物理研究所给出了脉冲激光制备薄膜的有关 E, D, P 最佳沉积条件的经验公式：

$$(E - E_{th})/(D^3 P) = 8.78 \times 10^{-5}\,\text{J} \cdot \text{cm}^{-5} \cdot \text{Pa}^{-1} \tag{4.10.1}$$

由此公式可以看出，D 越大，气压越高，则脉冲激光能量密度要求越高。该公式已得到证明，可以作为实际应用过程中选取 D 的参考依据。

　　(4) 基片对薄膜质量的影响。在 PLD 制备薄膜过程中，对基片的要求非常高，其很大程度上决定了薄膜是否符合要求。其影响因素包括基片的类型、基片温度的高低及均匀性等。

　　① 合适基片的选择。目前用 PLD 制备的薄膜有超导薄膜、半导体薄膜、铁电薄膜、压电薄膜等，这些膜晶体大多各向异性，因而为了得到符合要求的薄膜，必须保证薄膜晶粒择优取向生长，而基片类型对晶粒的生长方向至关重要。同时基片的选择将影响薄膜质量，包括内部缺陷、力学性能及薄膜与基片的结合强度，因此 PLD 过程中要求基片与薄膜的晶格常数匹配，物理性能参数(热膨胀系数、热传导系数等)匹配。但有时单纯依靠基片不能满足要求，由此发展出了缓冲层技术，即将缓冲层作为薄膜与基片的中间过渡层，改善薄膜与基片参数失配的问题。

　　② 基片温度的高低及均匀性对薄膜的结构、生长速率等都有影响。基片温度的选择目前尚无系统理论指导，只能在实际中反复实验，从而确定最佳的温度。其要考虑的因素：一是对薄膜结构的影响。这是温度选择时需要考虑的最重要的一点。研究结果表明，基片温度不同，薄膜的晶粒取向就会不一样。当最佳温度确定以后，基片温度如果偏离最佳温度 $10\,^\circ\text{C}$，薄膜质量就有明显变化。二是基片温度过高，会引起薄膜再蒸发，从而降低沉积速率。总之，在 PLD 制备薄膜的工艺过程中，实验参数可分为三类：一类是几何参数如偏轴、靶与基片的距离等；一类是激光参数如激光能量密度、激光波长、脉冲宽度和频率等；还有一类是薄膜生长的工艺参数，如基片温度 T_s、气压、沉积速率等。PLD 技术研究的最终目的，实际上就是通过对实验工艺的研究寻找这三种实验参数的最佳数值和它们之间的最佳匹配，从而实现高效率制备高性能的、质地优良的薄膜。

5. PLD 技术的优势和不足

近年来,PLD 技术受到广泛重视,发展非常迅速,是由于 PLD 技术有许多其他薄膜制备技术所不具备的优点:

(1) 由于 PLD 过程是在真空条件下进行且只要入射激光能量密度超过一定阈值,靶的各组成元素就具有相同的脱出率,在空间具有相同的分布规律,因而可以保证靶膜成分一致。

(2) 由于脉冲激光的能量高,所以溅射出来的粒子出射动能大,这有利于提高薄膜的生长质量。

(3) 激光能量高度集中,因此利用 PLD 技术可以蒸发金属、半导体、陶瓷等无机材料,有利于解决难熔材料的薄膜沉积问题。

(4) 可引入各种活性气体,如 O_2,H_2 等,这对于多元素化合物薄膜的制备,特别是多元素氧化物薄膜的制备极其有利。

(5) 易于在较低温度(如室温)下原位生长取向一致的结构薄膜或外延单晶薄膜,因此适用于制备高质量的光电、铁电、压电、高温超导等多种功能薄膜。因为等离子体中原子的能量比通常蒸发法产生的粒子能量要大得多($10\sim1000$ eV),所以原子沿表面的迁移扩散更加剧烈,易于在较低的温度下实现二维外延生长;而低的脉冲重复频率(<20 Hz)也使原子在两次脉冲发射之间有足够的时间扩散到平衡位置,有利于薄膜的外延生长。

(6) 能够沉积高质量纳米薄膜。高的粒子动能具有显著增强二维生长抑制三维生长的作用,促使薄膜的生长沿二维展开,因而能够获得极薄的连续薄膜而不易出现岛化。

(7) 易于掺杂,可以直接通过改变靶材的元素比例来进行掺杂。

(8) 灵活的换靶装置,便于实现多层膜及超晶格薄膜的生长,多层膜的原位沉积便于产生原子级清洁界面;另外,系统中实时监测、控制和分析装置的引入不仅有利于高质量薄膜的制备,而且有利于激光与靶材相互作用的动力学过程和成膜机理等问题的研究。

(9) 适用范围广。该法设备简单、易控制、效率高、灵活性大,操作简便的多靶台为多元化合物薄膜、多层薄膜及超晶格制备提供了方便,靶结构形态可以多样,因而适用于多种薄膜材料的制备。

PLD 方法有如上的很多优点,能够利用它生长出高质量的薄膜、量子点、纳米线等,但是它也存在一些不足:

(1) 等离子体中含有的微粒、气态原子和分子沉积在薄膜上,形成的颗粒物会降低薄膜的质量,虽然可以通过一些措施对此加以改善,但是并不能完全消除它的影响。

(2) 膜厚不够均匀。熔蒸"羽辉"具有很强的定向性,只能在很窄的范围内形成均匀厚度的薄膜。

(3) 激光与靶长期相互作用会使靶的表面变得粗糙,这会引起沉积速率下降、羽辉方向向激光入射方向偏离等问题。

【实验仪器和材料】

1. 实验仪器

本实验室使用的是中国科学院沈阳科学仪器研究所生产的 PLD300 型脉冲激光沉积系统。

美国 Coherent 相干公司生产的准分子激光器（型号 Compex Pro 201 KrF）如图 4.10.3 所示。工作气体为 KrF，输出波长为 248 nm，脉冲宽度为 20 ns，激光的单脉冲能量最大可达 700 mJ/P，激光的重复率在 1～10 Hz 范围连续可调。

图 4.10.3　准分子激光器和 PLD 腔体

2. 实验材料

凸透镜（用于将紫外激光会聚到靶表面）、靶材、单晶基片等。

【实验内容和步骤】

利用本实验室的 PLD 设备制备薄膜，具体的实验过程如下：

1. 装靶

将烧结好的靶材（本实验采用 ZnO 陶瓷靶）表面用砂纸打磨后，用丙酮冲洗，去掉残留物，然后放入靶托中，压上盖板，上紧螺丝。因为生长过程中，靶不断旋转，激光在靶上会烧蚀出圆环状的坑，所以在装靶过程中应尽量保证圆环的圆心与靶托的中心重合，避免生长过程中激光打到的位置有高有低，羽辉不稳定，造成薄膜质量下降。

2. 基片的安装

基片在基片托上的位置对薄膜的均匀性影响很大。因为我们的 PLD 系统中靶台旋转系统的轴与基片台旋转系统的轴是大致重合的，生长过程中羽辉基本上是以靶台到基片台连线为轴的一个旋转椭球体，因此为了生长出均匀的薄膜，基片的位置一定要在基片托的中心上。另外，因为生长过程中要对基片加热，基片与基片托的热接触对薄膜的生长也很重要，只有在基片和基片托热接触良好的情况下，才能使基片加热均匀，从而使薄膜生长均匀。我们是采用弹簧片将基片固定到基片台上的，要将基片背面和基片台表面用细砂纸打磨平整，以保证良好的热接触（若想热接触更好，建议用银胶将基片黏结在基片台上）。

3. 薄膜生长

将靶和基片在靶托和基片托上安装好以后，就可以将它们分别装在靶台和基片台上进行薄膜生长了。在靶托和基片托安装好后，第一步是抽真空，防止腔内的粉尘和气体杂质在薄膜生长过程中产生污染。在抽真空过程中，先打开机械泵抽，当生长室气压降到 5 Pa 以下时，再开分子泵；等分子泵达到全速以后，开始加热基片，基片温度由自动恒温器控制。

因为用 PLD 方法生长氧化物薄膜大多需要在一定的氧气氛围中进行,故当温度升到超过 150 ℃后,停分子泵,先用氧气冲洗腔体 2 次,然后通过氧气流量计设定氧气流量,使 PLD 生长室内保持目标氧压。我们实验中采用的氧气压强是 30 Pa,对应的氧气流量计显示值是 30 sccm(标准立方厘米每分钟)。

激光器使用前需要预热 8 min,预热结束后,才能设定实验所需激光器的输出能量以及频率。在正式生长薄膜前,首先需要对靶材进行预打,以清除靶材表面可能的污染物,然后才能开始沉积。生长时激光脉冲能量的选取与生长的薄膜材料有关,脉冲能量太弱打出的羽辉太小,均匀性差,且可能造成薄膜的成分与靶的成分产生偏差;脉冲能量太大会从靶中打出大颗粒,也会影响薄膜质量。本实验生长选择的激光脉冲能量是 190 mJ。靶和基片的距离对薄膜的质量也有很大影响,此距离的选择与激光脉冲能量和薄膜材料有关,一般使羽辉的尖端正好达到基片表面,本实验中选择的靶和基片的距离为 6.0 cm。在生长结束后,要让基片保温一段时间,然后关闭激光器及加热装置。

【实验注意事项】

(1) 脉冲激光沉积设备放置于超净室内,所以进入实验室要换超净服。进入实验室后要遵守实验室纪律。

(2) 实验所用的激光是不可见的高能紫外激光,意外进入眼睛(如通过周围物体的反射或散射)可能会致盲。故激光器工作时应离开实验室或戴上防护镜!

(3) 开分子泵前一定要先开冷却水,并要保证生长腔气压低于 5 Pa,否则会导致分子泵的损坏。

(4) 电离规要在腔内气压低于 1 Pa 时才能使用,因此电离规启动后不得用气体冲洗,否则会导致电离规的灯丝烧断。

【实验报告要求】

(1) 描述实验过程中观察的各种现象,并给出合理的解释。
(2) 描述实验装置中各主要部分的用途。
(3) 详细记录实验工艺参数及实验步骤,给出 ZnO 薄膜制备的实验研究报告。

【思考题】

(1) 用脉冲激光沉积方法制备薄膜的工艺原理及沉积过程的三个阶段是什么?
(2) 影响 ZnO 薄膜结晶和表面质量的主要因素有哪些?

实验 11　真空蒸发制备金属薄膜

在真空中使固体表面(基片)上沉积一层金属、半导体或介质薄膜的工艺通常称为真空镀膜。薄膜技术在现代科学技术和工业生产中有着广泛的应用。早在 19 世纪,英国的 Grove 和德国的 Plücker 相继在气体放电实验的辉光上观察到了溅射的金属薄膜,这就是真空镀膜的萌芽。于 1877 年,人们将金属溅射用于镜子的生产;1930 年左右将它用于 Edison 唱机录音蜡主盘上的导电金属。以后的 30 年,高真空蒸发镀膜又得到了飞速发展,这时已能在实验室中制造单层反射镀膜、单层减反膜和单层分光膜,并且在 1939 年由德国 Schott 等人镀制出金属的 FabryPerot 干涉滤波片,1952 年又制出了高峰值、窄宽度的全介质干涉滤波片。真空镀膜技术历经一个多世纪的发展,目前已广泛用于电子、光学、磁学、无线电及材料科学等领域,成为一种不可缺少的新技术、新手段、新方法。

【实验目的】

(1) 了解真空技术的基本知识。

(2) 了解真空蒸发镀膜的工艺原理。

(3) 掌握真空蒸发镀膜设备的基本结构和操作方法。

(4) 学会真空蒸发镀膜技术。

【实验原理】

1. 真空度与气体压强

所谓真空是指气体压强低于一个大气压的气体空间。同正常的大气相比,是比较稀薄的气体状态。真空度是对气体稀薄程度的一种客观度量,单位体积中的气体分子数越少,表明真空度越高。由于气体分子密度不易度量,通常真空度用气体压强来表示,压强越低真空度越高。按照国际单位制(SI),压强单位是 N/m^2,称为帕斯卡(Pascal),简称帕(Pa)。

真空度单位换算:

$$1 \text{ atm} = 760 \text{ mmHg} = 760 \text{ Torr}$$
$$1 \text{ atm} = 1.013 \times 10^5 \text{ Pa}$$
$$1 \text{ Torr} = 133.3 \text{ Pa}$$

式中,atm 表示标准大气压;mmHg(毫米汞柱)与 Torr(托)在本质上是一回事,二者几乎相等,只是采用帕来定义标准大气压省略了尾数。通常按照气体空间的物理特性及真空技术应用特点,将真空划分为几个区域,如表 4.11.1 所示。随着真空度的提高,真空的性质将逐渐变化,并经历由气体分子数的量变到真空质变的过程。

表 4.11.1　真空的划分和气体分子的运动特点

真空划分	压　力		气体分子运动特点	
	Pa	Torr	条件	运动状态
粗真空	$10^5 \sim 10^2$	$760 \sim 1$	$\lambda \ll d$	黏滞流
低真空	$10^2 \sim 10^{-1}$	$1 \sim 10^{-3}$	λ 和 d 尺寸接近	中间流
高真空	$10^{-1} \sim 10^{-6}$	$10^{-3} \sim 10^{-8}$	$\lambda > d$	分子流
超高真空	$< 10^{-6}$	$< 10^{-8}$	$\lambda \gg d$	分子流

2. 真空的获得——真空泵

1654 年,德国物理学家葛利克发明了抽气泵,做了著名的马德堡半球试验。原理如下:当泵工作后,形成压差,$P_1 > P_2$,实现了抽气,如图 4.11.1。用来获得真空的设备称为真空泵,真空泵是一个真空系统获得真空的关键,按其工作机理可分为排气型和吸气型两大类。排气型真空泵是利用内部的各种压缩机构,将被抽容器中的气体压缩到排气口,而将气体排出泵体之外,如机械泵、扩散泵和分子泵等。吸气型真空泵则是在封闭的真空系统中,利用各种表面(吸气剂)吸气的办法将被抽空间的气体分子长期吸着在吸气剂表面上,使被抽容器保持真空,如吸附泵、离子泵和低温泵等。

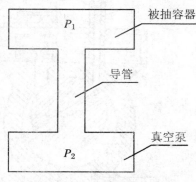

图 4.11.1　真空泵抽气原理

真空泵的主要性能可由下列指标衡量:

(1) 极限真空度。无负载(无被抽容器)时泵入口处可达到的最低压强(最高真空度)。

(2) 抽气速率。在一定的温度与压力下,单位时间内泵从被抽容器抽出气体的体积,单位 L/s。

(3) 启动压强。泵能够开始正常工作的最高压强。

下面介绍两种常见真空泵:

(1) 机械泵。机械泵是运用机械方法不断改变泵内吸气空腔的容积,使被抽容器内气体的体积不断膨胀压缩从而获得真空的泵。机械泵的种类很多,目前应用最为广泛的是旋片式机械泵。

图 4.11.2 是旋片式机械泵的结构示意图,其主要由定子、旋片和转子组成。定子为一圆柱形空腔,空腔上装着进气管和排气阀门,转子顶端保持与空腔壁相接触,转子上开有槽,槽内安放了由弹簧连接的两个刮板。当转子旋转时,两刮板的顶端始终沿着空腔的内壁滑动,整个空腔放置在油箱内。工作时,转子带着旋片不断旋转,就有气体不断排出,完成抽气作用。旋片旋转时的几个典型位置如图 4.11.3 所示,当刮板 A 通过进气口(图 4.11.3(a)所示的位置)时开始吸气,随着刮板 A 的运动,吸气空间不断增大,到图 4.11.3(b)所示位置时达到最大。刮板继续运动,当刮板 A 运动到图 4.11.3(c)所示位置时,开始压缩气体,压缩到压强大于一个大气压时,排气阀门自动打开,气体被排到大气中,如 4.11.3(d)所示。之后就进入下一个循环,整个泵体必须浸没在机械泵油中才能工作,泵油起着密封、润滑和冷却的作用。

机械泵可在大气压下正常工作,其极限真空度可达 10^{-1} Pa。极限真空度取决于:① 定子空间中两空腔间的密封性,因为其中一空间为大气压,另一空间为极限压强,密封不好将直接影响极限压强;② 排气口附近有一"死角"空间,在旋片移动时它不可能趋于无限小,因此不能有足够的压力去顶开排气阀门;③ 泵腔内泵油有一定的蒸气压(室温时约为 10^{-1} Pa)。旋片式机械泵使用时要注意以下几点:① 启动前先检查油槽中的油液面是否达到规定的要求,机械泵转子转动方向与泵的规定方向是否符合(否则会把泵油压入真空系统)。② 机械泵停止工作时要立即让进气口与大气相通,以清除泵内外的压差,防止大气通过缝隙把泵内的油缓缓地从进气口倒压进被抽容器中("回油"现象)。这一操作一般由机械泵进气口上的电磁阀来完成,当泵停止工作时,电磁阀自动使泵的抽气口与真空系统隔绝,并使泵的抽气口接通大气。③ 泵不宜长时间抽大气,因为长时间大负荷工作会使泵体和电动机受损。

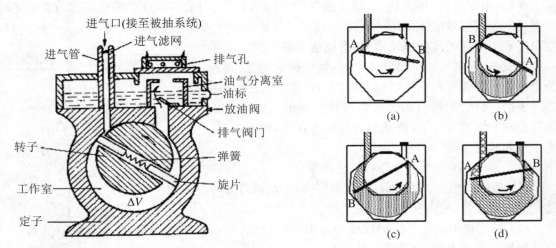

图 4.11.2　旋片式机械泵的结构　　　　　　图 4.11.3　旋片式机械泵的工作原理

（2）扩散泵。扩散泵是利用气体扩散现象来抽气的,最早用来获得高真空的泵就是扩散泵,目前依然广泛使用。油扩散泵的工作原理不同于机械泵,其中没有转动和压缩部件。它的工作原理如下:通过电炉加热处于泵体下部的专用油,沸腾的油蒸气沿着伞形喷口高速向上喷射,遇到顶部阻碍后沿着外周向下喷射,使得气体分子向泵体下部运动进入前级真空泵,运动到下部的油蒸气与冷的泵壁接触,又凝结为液体,循环蒸发。为了提高抽气效率,扩散泵通常由多级喷口组成(三级、四级),图 4.11.4 是一个具有三级喷口的扩散泵结构示意图,这样的泵也称为多级扩散泵。扩散泵具有极高的抽气速率,高速定向喷射的油分子在喷口处的蒸气流中形成一低压,将扩散进入蒸气流的气体分子带至泵口被前级泵抽走,而油蒸气在到达泵壁后被冷却水套冷却后凝聚,返回泵底再被利用。射流具有工作过程高流速（200 m/s）、高密度、高分子量（300～500）的特点,故能有效地带走气体分子。

扩散泵不能单独使用,一般采用机械泵为前级泵,以满足出口压强（最大 40 Pa）,如果出口压强高于规定值,抽气作用就会停止,因为在这一压强下,可以保证绝大部分气体分子以定向扩散形式进入高速蒸气流。此外,若扩散泵在较高空气压强下加热,会导致具有大分子结构的扩散泵油分子的氧化或裂解。油扩散泵的极限真空度主要取决于油蒸气压和反扩散两部分,目前一般能达到 $10^{-5}\sim10^{-7}$ Pa。根据扩散泵的工作原理,可以知道扩散泵有效工作一定要有冷却水辅助,因此实验中一定要特别注意冷却水是否通畅和是否有足够的压力。另外,扩散泵油在较高的温度和压强下容易氧化而失效,所以不能在低真空范围内开启油扩散泵。油扩散泵一个不容忽视的问题是扩散泵油反流进入真空腔室造成污染,对于清洁度要求高的材料制备和分析过程,这样的污染是致命的,所以现在的高端材料制备、分析设备都采用无油真空系统,避免油污染。通常的真空系统不是只有一种真空泵在工作,而是由至少两级真空泵组成的。本实验中真空系统由两级构成,前级泵是旋片式机械泵,后级泵是油扩散泵。

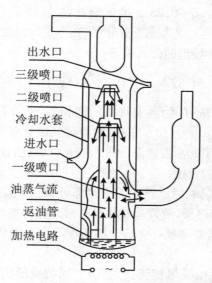

出水口
三级喷口
二级喷口
冷却水套
进水口
一级喷口
油蒸气流
返油管
加热电路

图 4.11.4　扩散泵的结构及工作原理

3. 真空的测量

测量真空的装置称为真空计,常用的有热偶真空计和电离真空计。热偶真空计通常用来测量低真空,它是利用低压下气体的热传导与压强成正比的原理制成的,可以测量 $10\sim10^{-1}$ Pa 的压强。电离真空计是目前测量高真空的主要仪器,它利用电子与气体分子碰撞产生电离电流随压强变化的原理制成,可测量范围一般为 $10^{-1}\sim10^{-6}$ Pa。注意电离真空计必须在 0.1 Pa 以下使用,否则会损坏装置。

4. 真空蒸发的原理和蒸发过程

真空蒸镀(Vacuum Evaporation)是指在高真空度下,加热蒸发容器中待形成薄膜的原材料,使其原子或分子从表面气化逸出,形成蒸气流,入射到基片表面,凝结形成固态薄膜的方法。具体方法就是在真空中通过电阻加热、电子束加热和激光加热等方法,使薄膜材料蒸发成为原子或分子,它们随即以较大的自由程做直线运动,碰撞基片表面而凝结,形成一层薄膜。

由气体分子运动论知,处在无规则热运动中气体分子相互碰撞,任意两次连续碰撞间一个分子自由运动的平均路程称为平均自由程,用 λ 表示,它的大小反映了分子间碰撞的频繁程度。蒸发镀膜要求镀膜室内残余气体分子的平均自由程大于蒸发源到基片的距离,尽可能减少蒸发物的分子与气体分子碰撞的机会,这样才能保证薄膜纯净和牢固,蒸发物质也不至于氧化。气体分子的平均自由程为

$$\lambda = \frac{kT}{\sqrt{2}\pi\sigma^2 P} \tag{4.11.1}$$

式中,k 为玻尔兹曼常数;T 为气体温度;σ 为分子直径;P 为气体压强。此式表明,气体分子的平均自由程与压强成反比,与温度成正比。在 25 ℃ 的空气情况下,

$$\lambda \approx \frac{6.6 \times 10^{-2}}{P}(\text{m}) \tag{4.11.2}$$

对于蒸发源到基片的距离为 $0.15\sim0.25$ m 的镀膜装置,镀膜室的真空度要在 $10^{-2}\sim10^{-5}$ Pa。蒸发镀膜时,薄膜材料被加热蒸发成为原子或分子,在一定的温度下,薄膜材料单位面积的质量蒸发速率由朗谬尔(Langmuir)导出的公式决定:

$$G \approx 4.37 \times 10^{-3} P_e \sqrt{\frac{M}{T}} (\text{kg}/(\text{m}^2 \cdot \text{s})) \tag{4.11.3}$$

式中,M 为蒸发物质的摩尔质量;P_e 为蒸发物质的饱和蒸气压;T 为蒸发物质温度。蒸发速率正比于材料的饱和蒸气压,温度变化10%左右,饱和蒸气压就要变化一个数量级左右。由此可见,蒸发源温度的微小变化可引起蒸发速率的很大变化。因此,在蒸发镀膜过程中,要想控制蒸发速率,就要精确控制蒸发源的温度。

图4.11.5为真空蒸发镀膜原理示意图。主要部分有:① 真空室,为蒸发过程提供必要的真空环境;② 蒸发源或蒸发加热器,放置蒸发材料并对其进行加热;③ 基片(衬底),用于接收蒸发物质并在其表面形成固态蒸发薄膜;④ 基板加热器及测温器等。真空蒸发镀膜包括以下三个基本过程:

(1)加热蒸发过程。包括由凝聚相转变为气相(固相或液相→气相)的相变过程。每种蒸发物质在不同温度时有不相同的饱和蒸气压。蒸发化合物时,其组分之间发生反应,其中有些组分以气态进入蒸发空间。

(2)气化原子或分子在蒸发源与基片之间的输运,即这些粒子在环境气氛中的飞行过程。飞行过程中与真空室内残余气体分子发生碰撞的次数,取决于蒸发原子的平均自由程以及从蒸发源到基片之间的距离,常称源-基距。

(3)蒸发原子或分子在基片表面上的淀积过程,即蒸气凝聚、成核、核生长、形成连续薄膜。由于基片温度远低于蒸发源温度,因此沉积物分子在基片表面将直接发生从气相到固相的相转变过程。

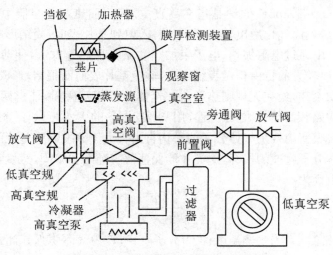

图4.11.5　真空蒸发镀膜原理示意图

上述过程都必须在空气非常稀薄的真空环境中进行。否则,蒸发物质原子或分子将与大量空气分子碰撞,使膜层受到严重污染,甚至形成氧化物;或者蒸发源被加热氧化烧毁;或者由于空气分子的碰撞阻挡,难以形成均匀连续的薄膜。

蒸发镀膜最常用的加热方法是电阻加热法,采用钨、钼、钽、铂等高熔点化学性能稳定的金属,做成适当形状的加热源,其上装入待蒸发材料,让电流通过,对蒸发材料进行直接加热蒸发,或者把待蒸发材料放入氧化铝、氮化硼或石墨等坩埚中进行间接加热蒸发。例如蒸镀铝膜,铝的熔点为 659 ℃,到 1100 ℃ 时开始迅速蒸发,常选用钨丝作为加热源,钨的熔化温度为 3380 ℃。在真空镀膜中,飞抵基片的气化原子或分子,除一部分被反射外,其余的被吸附在基片的表面上。被吸附的原子或分子在基片表面上进行扩散运动,一部分在运动中因相互碰撞而结聚成团,另一部分经过一段时间的滞留后,被蒸发而离开基片表面。聚团可能会在与表面扩散原子或分子发生碰撞时捕获原子或分子而增大,也可能因单个原子或分子脱离而变小。当聚团增大到一定程度时,便会形成稳定的核,核再捕获飞抵的原子、分子或在基片表面进行扩散运动的原子、分子就会生长。在生长过程中核与核合成而形成网络结构,网络被填实即生成连续的薄膜。显然,基片的表面条件(例如清洁度和不完整性)、基片的温度以及薄膜的沉积速率都将影响薄膜的质量。

真空镀膜的特点是在高真空环境下成膜,可以有效防止薄膜的污染和氧化,有利于得到洁净、致密的薄膜,因此在电子、光学、磁学、无线电以及材料科学领域得到广泛的应用。近年来,该法的改进主要是在蒸发源上。为了抑制或避免薄膜原材料与蒸发加热器发生化学反应,改用耐热陶瓷坩埚,如 BN 坩埚。为了蒸发低蒸气压物质,采用电子束加热源或激光加热源。为了制造成分复杂或多层复合薄膜,发展了多源共蒸发或顺序蒸发法。为了制备化合物薄膜或抑制薄膜成分对原材料的偏离,出现了反应蒸发法等。

【实验仪器和材料】

1. 实验仪器
DH2010 型多功能真空实验仪(图 4.11.6)。

2. 实验材料
玻璃基片、纯度 99.99% 的铝丝。

【实验内容和步骤】

1. 实验前准备
先仔细清洗真空镀膜室的玻璃钟罩,用吹风机将钟罩烘干。

(1) 清洗衬底玻璃基片、钨丝和待蒸发的高纯铝丝。

(2) 清洗镀膜室。

(3) 将洗净的基片和铝丝放置在指定位置。

(4) 将缠绕有蒸发物质(铝丝)的蒸发加热源(钨丝)固定到蒸发电极上。注意在固定的时候一定要水平,否则蒸发物质熔化后会向一侧流动,影响薄膜的均匀性,也影响薄膜的纯度。

(5) 放置真空玻璃钟罩。

(6) 检查冷却水有没有接通,要求冷却水管路接通并通水。

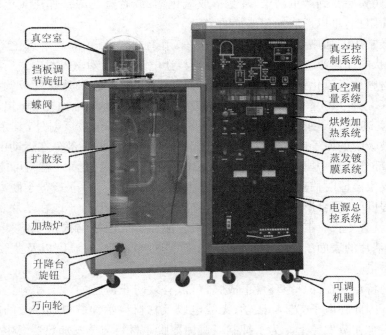

图 4.11.6　DH2010 型多功能真空实验仪设备外观图

2. 真空室抽真空

在启动系统前先检查冷却水有没有接通，要求冷却水管路接通并通水。检查高真空蝶阀是否在关闭状态，要求关闭高真空蝶阀。

（1）开启总电源，面板上的电源指示灯点亮（如果没有接通冷却水，仪器会启动断水报警，此时只要将冷却水接通即可消除报警），将控制面板上的工作选择开关旋至"机械泵"挡，启动机械泵，机械泵开始工作。同时打开机械泵充气阀、低抽阀，对真空室进行粗抽。

（2）开启真空计复合单元电源。此时热偶 II 单元显示的是管路压力，复合单元显示的是真空室内压力。

（3）观察热偶真空计示数变化，当测量的真空室真空度达到 5 Pa 时（此时真空计复合单元通过热偶规管测量真空室压力），将工作选择开关打到"扩散泵"挡，此时关闭了低抽阀，打开前级阀（机械泵对扩散泵抽真空）。当热偶 II 单元显示的压力到 3 Pa 时，将工作选择开关旋至"扩散泵"挡，接通扩散泵加热电源。

（4）加热 10 min 左右后，扩散泵开始沸腾，打开高真空蝶阀，观察真空计复合单元中测量值的变化，当热偶规管测量真空室的压力到 1 Pa 以下时，真空计会自动开启电离规管测量。

（5）结合扩散泵的工作原理观察油扩散泵的工作过程。

（6）扩散泵正常抽真空时间为 50 min 左右，在这段工作时间内，可开启真空室烘烤加热电源对真空室内进行烘烤除气，一般烘烤温度控制在 200 ℃左右，也可开启衬底加热电源对衬底盒进行烘烤除气，一般烘烤温度控制在 200 ℃左右。同时可通过开启真空计面板上的除气按键，对电离规管进行除气，一般除气时间为 3 min。

（7）结合真空计的工作原理观察真空室内真空度的变化过程,分析真空度变化的原因。

3. 蒸镀铝膜

（1）待真空室内的真空度达到 10^{-3} Pa 时,可开始蒸镀铝膜。

（2）开启前面板上的蒸发电源按钮,通过调节蒸发电流调节旋钮调节蒸发电压,逐步调高蒸发源的电流。缓慢升高加热电流,使得加热电流保持在 20 A 左右,持续 3 min 左右,此时观察真空计复合单元电离规的测量值,会发现系统真空度经历一个先下降再上升的过程。其原因是吸附在蒸发物质和蒸发加热源物质上的气体分子和少量的有机物被解吸附并被真空机组抽出真空室。进一步升高加热电流到 30~40 A,仔细观察加热源物质,会发现在加热电流作用下其呈现暗红色,这时的温度大致有 450 ℃。继续缓慢升高加热电流,蒸发源物质和蒸发物质颜色逐渐呈现红色、明亮的红色,此时温度在 600~700 ℃;当加热电流达到 50~75 A,加热源物质和加热物质颜色呈现红白色,仔细观察蒸发源物质,其形态发生变化,表面出现软化情况,随着时间的持续,原本固态的蒸发物质熔化并在蒸发加热物质上铺展开来。增大加热电流到 100 A 左右并移开蒸发挡板开始蒸发并计时。达到要求时间后迅速降低电流到 0 A,蒸发过程结束。

（3）一般情况下真空度要满足的条件如下:分子平均自由程是蒸发源物质与基片间距的 3 倍以上,否则会影响样品的纯度。

（4）蒸镀铝膜完毕后,关闭蒸发电源开关,切断蒸发电源。

（5）观察真空室压力的变化,记下真空室的压力。关闭高真空蝶阀。

（6）将工作选择开关旋至"扩散泵"挡,当真空室真空度低于 1 Pa 时,关闭电离规管测量（按一下"自动"按键,关闭自动测量功能,再按一下"关电离"按键,则关闭了电离规管测量）,转入热偶规管测量真空室压力。

（7）记录真空室的压强与时间的关系,开始 2 s 记录一次,真空度变化慢时视情况延长测量时间间隔,直到真空度降低至 10 Pa 数量级,停止记录,绘制系统漏率曲线。

（8）取样。

① 此时扩散泵电源已关,工作选择开关处于"扩散泵"状态,高真空蝶阀处于关闭状态;机械泵继续工作,冷却水继续接通,对扩散泵内的泵油进行冷却。

② 机械泵继续工作,直到扩散泵油的温度低于 50 ℃,同时管路真空度在 10^0 Pa 数量级时,将工作选择开关打在"机械泵"挡。

③ 切断水源,关闭真空计电源。

④ 将工作选择开关旋至"断"挡,接通充气电源开关,往真空室内充入大气,打开钟罩,取出蒸发衬套、样品。

⑤ 清洗真空室、蒸发衬套等附件,并用风机吹干净后将真空室安装好。将工作选择开关旋至"机械泵"挡,对真空室进行粗抽,打开真空计电源,当真空室压力在 10^0 Pa 数量级后,将工作选择开关旋至"断"挡,使真空室保持在真空状态。关闭真空计电源。

⑥ 切断总电源开关,拔下总电源插头。

【数据分析及处理】

（1）记录真空室的压强与时间的关系（表 4.11.2）,开始 2 s 记录一次,真空度变化慢时视情况延长测量时间间隔,直到真空度降低至 10 Pa 数量级,停止记录,绘制系统漏率曲线。

表 4.11.2　漏气率测量记录表

时间 t/s	0	2	5	10	16	26	36	…
压强/Pa								

(2) 分别利用最小二乘法和逐差法,计算系统的漏率,并比较两种方法计算结果的准确性。

【实验注意事项】

(1) 注意基片表面保持良好的清洁度。被镀基片表面的清洁程度直接影响薄膜的牢固性和均匀性。基片表面的任何微粒、油污及杂质都会大大降低薄膜的附着力。为了使薄膜有较好的反射光的性能,基片表面应平整光滑。制备镀膜前基片必须经过严格清洗和烘干。基片放入镀膜室后,在蒸镀前有条件时应进行离子轰击,以去除表面上吸附的气体分子和污染物,增加基片表面的活性,提高基片与膜的结合力。

(2) 将材料中的杂质预先蒸发掉(预熔)。蒸发物质的纯度直接影响着薄膜的结构和光学性质,因此除了尽量提高蒸发物质的纯度外,还应设法把材料中蒸发温度低于蒸发物质的其他杂质预先蒸发掉,而使它们不蒸发到基片表面上。在预熔时用活动挡板挡住蒸发源,使蒸发材料中的杂质不能蒸发到基片表面。预熔时会有大量吸附在蒸发材料和电极上的气体放出,真空度会降低一些,故不能马上进行蒸发,应测量真空度并继续抽气,待真空度恢复到原来的状态后,方可移开挡板,加大蒸发电极的加热电流,进行蒸镀。注意只要真空室充过气,即使前次已预熔过或蒸发过的材料也必须重新预熔。

(3) 注意使膜层厚度分布均匀。均匀性不好会造成膜的某些特征随表面位置的不同而变化。让蒸发源与基片的距离适当远些,使基片在蒸镀过程中慢速转动,同时使工件尽量靠近转动轴线放置。

(4) 镀膜工作进行 2～3 次后,必须及时清洗镀膜室内零件,避免蒸发物质大量进入真空系统而损害真空性能。采用酒精清洗,清洗干净后用热吹风机将各零部件吹干,装配时应注意保持清洁。

【实验报告要求】

(1) 简述真空蒸发镀膜的工作原理。
(2) 简述蒸发镀膜主要物理过程。
(3) 简述真空蒸发制备金属 Al 薄膜的一般工艺流程。

【思考题】

(1) 蒸发镀膜为什么要求高真空度?
(2) 机械泵的极限真空度是如何产生的? 能否克服?
(3) 油扩散泵的启动压强应为多少? 为什么?
(4) 为了使膜层比较牢固,怎样对基片进行处理?

（5）影响真空镀膜质量和厚度的因素有哪些？

（6）在蒸发镀膜中，蒸发源选取原则有哪些？

实验 12　磁控溅射法制备薄膜

磁控溅射又称为高速、低温的溅射技术，其本质是在阴极溅射的基础上按磁控模式运行的一种新型的高速、低温溅射。由于它有效地克服了阴极溅射速率低和电子使基片温度升高的致命弱点，并且其装置性能稳定，便于操作，工艺容易控制，生产重复性好，适合于大面积沉积膜，又便于连续和半连续生产，因此获得了迅速的发展和广泛的应用。

【实验目的】

（1）熟悉磁控溅射沉积薄膜的基本原理。

（2）熟悉利用磁控溅射装置制备金属薄膜材料的方法和步骤。

（3）了解不同工作气压对镀膜的影响。

【实验原理】

1. 溅射

溅射是入射粒子和靶的碰撞过程。入射粒子在靶中经历复杂的散射过程，和靶原子碰撞，把部分动量传给靶原子，此靶原子又和其他靶原子碰撞，形成级联过程。在这种级联过程中某些表面附近的靶原子获得向外运动的足够能量，离开靶被溅射出来。

溅射的特点如下：

（1）溅射粒子（主要是原子，还有少量离子等）的平均能量达几电子伏，比蒸发粒子的平均动能（kT）高得多（3000 K 蒸发时平均动能仅 0.26 eV），溅射粒子的角分布与入射离子的方向有关。

（2）入射离子能量增大（在几千电子伏范围内），溅射率（溅射出来的粒子数与入射离子数之比）增大。入射离子能量再增大，溅射率达到极值；能量增大到几万电子伏，离子注入效应增强，溅射率下降。

（3）入射离子质量增大，溅射率增大。

（4）入射离子方向与靶面法线方向的夹角增大，溅射率增大，倾斜入射比垂直入射时溅射率大。

（5）单晶靶由于焦距碰撞（级联过程中传递的动量愈来愈接近原子列方向），在密排方向上发生优先溅射。

（6）不同靶材的溅射率大不相同。溅射镀膜是利用气体放电产生的正离子在电场作用下高速轰击阴极靶材，使靶材原子（或者分子）逸出而淀积到被镀基片（或工件）表面，形成所需要的薄膜。溅射镀膜一般经历工作气体的等离子化、离子对靶材的轰击、靶原子气相质量输运、淀积薄膜等过程。

2. 磁控溅射

溅射技术的最新成就之一是磁控溅射,它属于物理气相沉积(Physical Vapor Deposition, PVD)技术的一种,是一种重要的薄膜材料制备方法,目前已经成为沉积耐磨、耐蚀、装饰、光学及其他各种功能薄膜的重要制备手段。我们知道阴极溅射的主要缺点是沉积速率较低,因为它在放电过程中只有0.3%～0.5%的气体分子被电离。为了在低气压下进行高速溅射,必须有效地提高气体的离化率。磁控溅射引入正交电磁场,使离化率提高到5%～6%,于是溅射速率大大提高(10倍左右),对于许多材料,溅射速率达到了电子束蒸发的水平。

磁控溅射的工作原理如图4.12.1所示。电子e^-在电场E作用下,在飞向基片过程中与氩原子发生碰撞,使其电离出Ar^+和一个新的电子e^-,电子飞向基片,Ar^+在电场作用下加速飞向阴极靶,并以高能量轰击靶表面,使靶材发生溅射。在溅射粒子中,中性的靶原子或分子则淀积在基片上形成薄膜。二次电子e_1^-一旦离开靶面,就同时受到电场和磁场的作用。为了便于说明电子的运动情况,可以近似认为,二次电子在阴极暗区时,只受电场作用,一旦进入负辉区就只受磁场作用。于是,从靶面发出的二次电子,首先在阴极暗区受到电场加速,飞向负辉区。进入负辉区的电子具有一定速度,并且是垂直于磁力线运动的,在这种情况下,电子由于受到磁场B的洛仑兹力作用,而绕磁力线旋转。电子旋转半圈之后,重新进入阴极暗区,受到电场减速。当电子接近靶面时,速度即可降到零。以后,电子又在电场的作用下,再次飞离靶面,开始一个新的运动周期。电子就这样周而复始,跳跃式地朝E(电场)$\times B$(磁场)所指的方向漂移(图4.12.2),简称$E \times B$漂移。电子在正交电磁场作用下的运动轨迹近似于一条摆线。若为环形磁场,则电子就以近似摆线形式在靶表面做圆周运动。

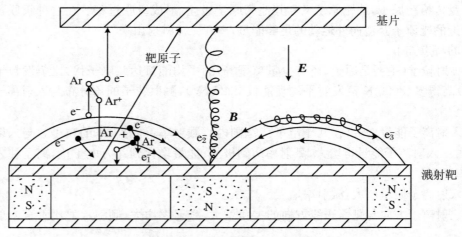

图 4.12.1 磁控溅射工作原理图

二次电子在环状磁场的控制下,运动路径不仅很长,而且被束缚在靠近靶表面的等离子体区域内,在该区中电离出大量的Ar^+离子用来轰击靶材,从而使得磁控溅射沉积速率高。随着碰撞次数的增加,电子e_1^-的能量消耗殆尽,逐步远离靶面。并在电场E的作用下最终沉积在基片上。由于该电子的能量很低,传给基片的能量很小,致使基片温升较低。另外,对于e_2^-类电子来说,由于磁极轴线处的电场与磁场平行,电子e_2^-将直接飞向基片,但是在磁极轴线处离子密度很低,所以 e_2^- 电子很少,对基片温升作用极微。

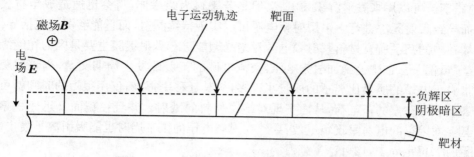

图 4.12.2　电子在正交电磁场下的 $E \times B$ 漂移

　　综上所述,磁控溅射的基本原理,就是以磁场来改变电子的运动方向,并束缚和延长电子的运动轨迹,从而提高了电子对工作气体的电离概率和有效地利用了电子的能量。因此,使正离子对靶材轰击所引起的靶材溅射更加有效。同时,受正交电磁场束缚的电子,又只能在其能量要耗尽时才沉积在基片上。这就是磁控溅射具有"低温""高速"两大特点的原因。

3. 磁控溅射种类

　　磁控溅射包括很多种类。尽管各种磁控溅射有不同的工作原理和应用对象,但有一共同点,即利用磁场与电场交互作用,使电子在靶表面附近呈螺旋状运行,从而增大电子撞击氩气产生离子的概率。所产生的离子在电场作用下撞向靶面从而溅射出靶材。磁控溅射在技术上可以分为直流(DC)磁控溅射、中频(MF)磁控溅射、射频(RF)磁控溅射。三种磁控溅射的对比情况如表 4.12.1 所示。

表 4.12.1　三种磁控溅射的对比情况

	DC	MF	RF
电源价格	便宜	一般	昂贵
靶材	圆靶/矩形靶	平面靶/旋转靶	实验室一般用圆平面靶
靶材材质要求	导体	无限制	无限制
抵御靶中毒能力	弱	强	强
应用	金属	金属/化合物	工业上不采用此法
可靠性	好	较好	较好

　　(1) 直流磁控溅射的工作原理。自由电子在阴极靶材表面正交电磁场的作用下,获得 400 eV 以上的能量并做曲线运动,运动过程中与工作气体(Ar,O_2,N_2,CH_4 等)相互碰撞,使其电离出正离子,正离子与处在负电位的阴极靶材相互作用溅射出靶材的中性粒子,这些中性粒子沉积于基片(阳极)表面形成薄膜。在正电荷的粒子与靶材相互作用的过程中,不但能溅射出中性粒子,同时还溅射出靶材正电荷离子、二次电子及软 X 射线等。由于靶材处于负电位,所以正离子不会远离靶材,但二次电子再次与工作气体相互作用,电离工作气体。直至正负电荷达到平衡状态,形成等离子体,即所谓的辉光放电。

（2）射频磁控溅射的工作原理。实际上，直流磁控溅射是在直流二极溅射的基础上，在靶材上安放磁钢。可以用来溅射沉积导电膜，但是若靶材为绝缘体，将会迅速造成靶材表面电荷积累，从而导致溅射无法进行。采用射频电源可以实现持续溅射，而且能够沉积包括导体、半导体、绝缘体在内的几乎所有材料。射频电源对绝缘靶能进行溅射镀膜主要是因为在绝缘靶表面上建立起了负偏压。在靶上施加射频电压，交流电源的正负性发生周期交替，当溅射靶处于正半周期时，由于电子的质量比离子的质量小得多，故其迁移率很高，仅用很短的时间就可以飞向靶面，中和其表面积累的正电荷，从而实现对绝缘材料的溅射。并且在靶面又迅速积累大量的电子，使其表面因空间电荷呈现负电位，导致在射频电压的正半周时也能吸引离子轰击靶材，从而实现了在正、负半周中，均可产生溅射。

4. 工作气压与沉积速率的关系

气体分子平均自由程与压强有如下关系：

$$\lambda = \frac{kT}{\sqrt{2}\pi\sigma^2 P} \tag{4.12.1}$$

式中，λ 为气体分子平均自由程；k 为玻耳兹曼常数；T 为气体温度；σ 为气体分子直径；P 为气体压强。由此可知，在保持气体分子直径和气体温度不变的条件下，如果工作压强增大，则气体分子平均自由程将减小，溅射原子与气体分子相互碰撞次数将增加，二次电子发射将增强。而当工作气压过大时，沉积速率会减小，原因如下：① 由于气体分子平均自由程减小，溅射原子的背反射和受气体分子散射的概率增大，而且这一影响已经超过了放电增强的影响。溅射原子经多次碰撞后会有部分逃离沉积区域，基片对溅射原子的收集效率就会减小，从而导致了沉积速率的降低。② 随着 Ar 气分子的增多，溅射原子与 Ar 气分子的碰撞次数大量增加，这导致溅射原子能量在碰撞过程中大大损失，致使粒子到达基片的数量减少，沉积速率下降。

【实验仪器和材料】

1. 实验仪器

磁控溅射镀膜机。本实验使用的是 JCP-200B 多功能磁控溅射镀膜机。

2. 实验材料

Ar 气源、铜靶、基片等。

【实验内容和步骤】

1. 准备

（1）基片先用去离子水、乙醇简单漂洗，之后放到超声波清洗仪中做进一步清洗，清洗干净后在氮气保护下干燥。干燥后，将基片倾斜 45°角观察，若不出现干涉彩虹，则说明基片已清洗干净。

（2）将样品放入样品室内。

2. 镀膜

（1）装好靶材，关好靶盖，（箭头方向为开）盖好真空室，并关好真空放气阀门，检查并打开循环水。

（2）连接好 220 V 电源，打开空气开关（如报警，则表示循环水未开）。

（3）按"总电源"按钮，先开"机械泵"，再开"前级阀"，开始抽低真空。

（4）待低真空显示 9.8×10^{0} Pa 时，按分子泵"工作"按钮，速度按钮打到"高速"，再把分子泵挡板打开（箭头方向为开）；待显示转速 400 r/min 以上时，稳定 2～3 min，按"开电离"按钮，打开电离规显示高真空；待高真空显示 5.0×10^{-3} Pa 时，关掉"开电离"，将"工作"调到"低速"，把分子泵挡板关掉。

（5）先打开流量控制"电源"按钮和"阀控"按钮，将"设定"顺时针拧到最大，开始抽导气管内的空气，待显示 00.00 时，表明已抽完。然后把"设定"逆时针转到最小。

（6）打开"温控"，设定温度，待温度达到设定的值后，关闭"温控"。打开"旋转"。

（7）打开气体到 0.1 MPa，将"设定"慢慢拧大，使"最低真空"保持在 $(3.0 \sim 3.5) \times 10^{-1}$ Pa。

（8）打开"电源"，把"电流"拧到最小。起辉 20 s 以后，打开靶盖。观察镀膜的效果，慢慢拧动"电流"调节钮（顺时针），使电压显示在 -300 V（DC）左右。打开"旋转"。

（9）关靶盖，旋转。关稳流源电源，将"设定"逆时针拧到最小，然后关闭流量电源和气体阀门，关闭气体。关分子泵"工作"按钮，待转速显示为零时，关"前级阀""机械泵""总电源"。

（10）待温度达到室温时，放气，取样。

【数据分析及处理】

（1）将不同工作气压下所得的实验值填入表 4.12.2 中。

（2）绘制沉积速率随工作气压的变化曲线图，并分析出现此结果的可能原因。

表 4.12.2　数据记录表

靶材	基片	工作气压/Pa	沉积时间/min	厚度/nm	沉积速率

【实验注意事项】

（1）掌握和选择优化的溅射参数是关键，应根据实验需要进行调整。

（2）在实验过程中，基片表面不得有油脂、灰尘和其他杂质，要清洗干净。

（3）使用真空泵时，不得超负荷使用，以防止损坏。

【实验报告要求】

（1）简述磁控溅射镀膜的工作原理。
（2）简述磁控溅射制备金属薄膜的工艺流程及操作要点。
（3）描述不同工作气压下，薄膜沉积速率的变化关系，并分析实验结果，解释相关实验现象。

【思考题】

（1）沉积薄膜之前，为什么要清洗基片？
（2）说明磁控溅射比阴极溅射（直流溅射）和射频溅射的沉积速率高很多的原因。
（3）影响薄膜质量的因素有哪些？
（4）磁控溅射镀膜仪有哪些类型？
（5）为什么磁控溅射法基片升温慢？

实验 13　化学溶液沉积法制备 ZnO 薄膜

薄膜材料在现代的生活生产与实验研究中发挥着重要的作用，相应地，薄膜材料的制备工艺与设备也得到了很大的改进与发展。一系列的薄膜制备工艺已经成熟地应用于各类薄膜材料的制备，如脉冲激光沉积（Pulsed Laser Deposition，PLD）、射频磁控溅射（RF Magnetron Sputtering）、分子束外延（Molecular-beam Epitaxy，MBE）、化学溶液沉积（Chemical Solution Deposition，CSD）、原子层沉积（Atomic Layer Deposition）和金属有机化学气相沉积（Metal Organic Chemical Vapor Deposition，MOCVD）等。各类薄膜沉积技术都有着自身的特点，相比其他的薄膜沉积技术，CSD 技术在薄膜生产过程中存在着很多的优势，总结如下：① 工艺操作简单，制备薄膜周期短，薄膜沉积速率快，可用于快速鉴定薄膜材料；② 薄膜原料配制成胶体形式，原料可以达到分子水平的均匀性，而且化学成分容易控制，可以获得高质量均匀的薄膜材料；③ 薄膜厚度在沉积过程中容易控制，薄膜沉积温度较低；④ 可用于制备大面积的薄膜材料且设备成本低；⑤ 可在形状不规则的衬底上制备均匀薄膜。这些特点有利于 CSD 技术在商业化生产中应用。因此，CSD 技术已经广泛地应用于各类薄膜材料的制备，如氧化物薄膜、氮化物薄膜等。

【实验目的】

（1）掌握 CSD 技术制备薄膜的原理。
（2）了解不同类型薄膜的 CSD 法制备工艺。
（3）熟练利用 CSD 法制备大面积可商业化薄膜。

【实验原理】

在利用 CSD 技术制备薄膜的过程中，根据前驱胶体的配制方式与化学反应不同，可将其划分为以下几类：

（1）溶胶-凝胶工艺：前驱体盐采用的是金属醇盐，溶解在醇类的溶剂中，通过醇盐的水解聚合反应获得均匀的前驱胶体溶液。

（2）金属有机物沉积工艺：前驱体盐采用的是对水不敏感金属有机盐类，溶解在类似的溶剂中，溶解物与溶剂不会发生反应，获得的胶体就是前驱体盐简单的混合，胶体制备简单。

（3）硝酸盐工艺：前驱体盐采用的是硝酸盐类，并直接溶解于水或者醇类溶剂中获得胶体。

（4）柠檬酸工艺：采用柠檬酸作为溶剂，将前驱体金属盐溶解在其中，利用金属离子与柠檬酸的螯合作用形成胶体。

（5）Pechini 工艺：类似于柠檬酸工艺，在这里采用多元醇和柠檬酸作为溶剂去溶解金属盐类。

（6）螯合工艺：以乙酸、丙酸等有机酸作为溶剂，在溶解的过程中会发生盐类与溶剂的酯化反/缩合反应，对盐类原料进行修饰，从而能获得稳定的有黏性的胶体。

配制前驱胶体到获得所需的薄膜材料，中间还需要经过薄膜的沉积过程。一般 CSD 工艺制备薄膜材料要经过以下几个过程：首先获得稳定的可旋涂的前驱胶体，然后通过沉积技术将胶体沉积在使用的衬底上，得到了湿膜；将湿膜放在提前加热的热台上烘烤去除残余的溶剂或者其他的添加剂；接着将烘烤过的样品放在加热的炉子中进行热解，去除残留的有机成分，得到无定型薄膜。为了得到一定厚度的薄膜，一般上述的过程会重复进行一定次数，最后将具有一定厚度的非晶态的样品进行热退火处理，得到晶化的薄膜材料。上面是通过一次退火的工艺获得了薄膜样品，同样也可以采用逐层退火的方式，制备薄膜样品，这时候，就要对每一层沉积的膜都进行退火处理。在我们的实验中，主要采用了旋涂法的沉积方法制备样品。在用 CSD 薄膜工艺制备薄膜材料时，有以下几点要注意：① 配制的旋涂胶体溶液应该是稳定的；② 胶体与所使用的衬底之间要有良好的浸润性与黏附性；③ 在凝胶膜中的有机成分在一定温度下可以完全分解、挥发。

通过对 CSD 工艺过程的了解可以知道，在制备薄膜材料时，很多因素都会对样品的最终形貌、结构、性能等产生影响，比如前驱体盐的种类、胶体浓度、旋涂时的转速、周围环境的温度与气氛、热解与退火的温度等都会影响最终的结果。因此，在制备薄膜材料时，探索与调控相关参数也是 CSD 工艺中的重要组成部分。

【实验仪器和材料】

1．实验仪器

旋涂仪（图 4.13.1）、温控磁力搅拌器、电子分析天平、超声清洗仪、胶头滴管、管式炉、药匙、镊子、洗耳球、量筒、加热台等。

2．实验材料

乙酸锌、乙二醇甲醚、乙醇胺、无水乙醇、去离子水、衬底、生胶带等。

【实验内容和步骤】

1．前驱胶体制备

（1）按照乙酸锌前驱胶体浓度为 $0.2\,mol/L$、$0.3\,mol/L$、$0.4\,mol/L$，分别用分析天平精确

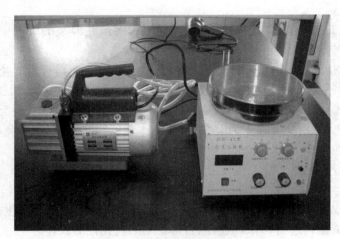

图 4.13.1　旋涂仪

称量乙酸锌,向称量好的乙酸锌中加入 10 mL 的乙二醇甲醚和 2 mL 的乙醇胺,在可加热的搅拌台上加热到 35 ℃左右,搅拌至乙酸锌完全溶解。

(2) 继续在室温下搅拌 6 h(若有挥发导致胶体不足 10 mL,加入乙二醇甲醚使 3 份胶体的体积保持在 10 mL),然后密封静置 12 h,得到制备好的前驱胶体。

2. 衬底清洗

为了保证薄膜的品质,衬底必须保持干净,镀膜前将衬底分别放入丙酮、无水乙醇中超声清洗 10 min 后烘干。

3. 样品制备

(1) 打开用于加热的红外灯,用干净的滴管取前驱胶体滴 1～2 滴(根据载玻片大小决定)在载玻片上,用匀胶机将胶体甩匀,设置转速为 5000 r/min,时间为 10 s。

(2) 将镀好膜的衬底放置在 200 ℃的烘烤台上加热 2 min,用于预热解;然后放置在温度为 350 ℃的管式炉中在空气中热解 10 min。

(3) 上述两个过程重复 12 次,保证薄膜的厚度为 120 nm 左右。

(4) 镀完膜后,将管式炉分别升温至 400 ℃、500 ℃、600 ℃,在此温度下退火 1 h,随后让膜随着炉子自然降温至室温。样品制备完成。

【数据分析及处理】

(1) 利用 XRD 对所有薄膜样品进行测试,同时借助于 XRD 分析软件例如 Highscore (Plus)、Jade、Power Suite 等处理数据,对样品开展物相定性分析和定量分析。

(2) 计算出相应的晶面间距 d,与数据库中的标准衍射图比对,鉴定样品的物相,判断其晶体结构,并进行简单的误差分析。

(3) 对不同温度下制备的薄膜结晶性进行对比,分析出温度调控薄膜成相的基本原理。

【实验注意事项】

(1) 配制胶体完成后要静置一定的时长以确保胶体的稳定性。

（2）退火温度的选择要基于衬底的耐热强度。

（3）制备薄膜之前要确保衬底清洁。

【实验报告要求】

（1）简述 CSD 法制备薄膜的基本原理。

（2）简述使用 CSD 法制备薄膜的基本实验步骤和实验细节。

（3）对比在不同温度条件下制备薄膜的测试结果，分析产生此结果的原因。

【思考题】

（1）CSD 法相比于其他方法在制备薄膜上有哪些优点？

（2）影响 CSD 法制备薄膜的参数主要有哪些？

（3）利用 CSD 法制备一定厚度的薄膜可以通过调节哪些参数获得？

（4）在使用 CSD 法制备薄膜的过程中要注意哪些细节？哪些表征手段可以用来判断薄膜的质量？

参 考 文 献

［1］ 杨环,张晨阳,张博栋,等.材料工程基础实验［M］.广州:暨南大学出版社,2021.

［2］ 李喜宝,韩露.无机非金属材料基础实验与综合实验［M］.哈尔滨:哈尔滨工业大学出版社,2021.

［3］ 何琴玉.凝聚态物质性能测试与数据分析［M］.北京:化学工业出版社,2023.

［4］ 杨蕾,牛文娟.材料科学基础实验指导书［M］.北京:冶金工业出版社,2022.

［5］ 周小中,关晓琳,彭辉.材料科学基础实验［M］.北京:化学工业出版社,2022.

［6］ 赵玉珍.材料科学基础精选实验教程［M］.北京:清华大学出版社,2018.

［7］ 郑克玉,何云斌,曹万强,等.材料科学与工程实验教程［M］.北京:化学工业出版社,2021.

［8］ 李国晶,赵化启,等.无机材料实验教程［M］.北京:化学工业出版社,2020.

［9］ 李琳,马艺函,孙朗,等.材料科学基础实验［M］.北京:化学工业出版社,2021.

［10］ 李慧.材料科学基础实验教程［M］.哈尔滨:哈尔滨工业大学出版社,2011.

［11］ 刘强春.材料现代分析测试方法实验［M］.合肥:中国科学技术大学出版社,2018.

［12］ 陈杰.无机材料科学与工程基础实验［M］.西安:西北工业大学出版社,2010.

［13］ 陶杰,姚正军,薛烽.材料科学基础［M］.北京:化学工业出版社,2018.

［14］ Callister W D. Materials Science and Engineering:an Introduction［M］.7th. Hoboken:John Wiley & Sons,Inc.,2006.

［15］ 周小平.金属材料及热处理实验教程［M］.武汉:华中科技大学出版社,2006.

［16］ 胡赓祥,蔡珣,戎咏华.材料科学基础［M］.上海:上海交通大学出版社,2010.

［17］ 彭凡,原晓雷,薛蕊莉.现代铸铁技术［M］.北京:机械工业出版社,2019.

［18］ 梁广川,宗继月,崔旭轩,等.锂离子电池用磷酸铁锂正极材料［M］.北京:科学出版社,2013.

［19］ 李泓.锂电池基础科学［M］.北京:化学工业出版社,2021.

［20］ Brown M E.热分析与量热技术:第1卷,原理与实践［M］.合肥:中国科学技术大学出版社,2021.

［21］ 丁延伟.热分析基础［M］.合肥:中国科学技术大学出版社,2020.

［22］ 张跃忠.金属特殊润湿性表面制备及性能研究［M］.北京:化学工业出版社,2021.

［23］ 周文义.缺陷型二维材料(TiO_2、MoS_2)的电化学传感机制研究［D］.合肥:中国科学技术大学,2018:95-97.

［24］ 杨亚宣,曾凯.纳米 TiO_2 溶胶-凝胶法制备研究进展［J］.江西化工,2017(4):32-35.

［25］ 孙宇琪,端木庆铎.水热法制备条件对 ZnO 纳米线形貌影响［J］.长春师范大学学报,2019,38(2):61-64.

［26］ 王箫扬,商世广,段向阳,等.形貌可控纳米 ZnO 的制备及其光学性能研究［J］.人工晶体学报,2015,44(12):3548-3552.

［27］ 郑兴芳,张广远.不同形貌纳米氧化锌的水热法合成［J］.化学研究,2012,23(5):66-69.

［28］ 施利毅,马书蕊,冯欣,等.一维氧化锌纳米棒制备技术的最新研究进展[J].材料导报,2006,20:86-89.

［29］ 饶艳英,张润秋,张焮,等.BiOCl 纳米材料的常温制备及其光催化性能[J].化学研究与应用,2023,35(6):1342-1349.

［30］ 王俊清,田冬梅.BiOCl 光催化剂的研究进展[J].化工设计通讯,2022,48(12):104-107.

［31］ Jiang J, Zhao K, Xiao X Y, et al. Synthesis and Facet-dependent Photoreactivity of BiOCl Single-crystalline Nanosheets[J]. Journal of the American Chemical Society,2012,134(10):4473-4476.

［32］ 杨兵兵.Bi 基 Aurivillius 相铁电薄膜制备与储能特性研究[D].合肥:中国科学技术大学,2019.